樟属植物新品种DUS测试研究

高 伟 等◎编著

中国林业出版社
China Forestry Publishing House

图书在版编目（CIP）数据

樟属植物新品种DUS测试研究 / 高伟等编著.

北京：中国林业出版社, 2024. 12. -- ISBN 978-7
-5219-2951-5

Ⅰ. S792.23

中国国家版本馆CIP数据核字第2024S8S124号

策划编辑：李敏
责任编辑：王越
封面设计：北京八度出版服务机构

————————————————————

出版发行：中国林业出版社

　　（100009，北京市西城区刘海胡同 7 号，电话 010-83143575）

电子邮箱：cfphzbs@163.com

网址：https://www.cfph.net

印刷：河北鑫汇壹印刷有限公司

版次：2024 年 12 月第 1 版

印次：2024 年 12 月第 1 次

开本：185mm×260mm　1/16

印张：11

字数：198 千字

定价：128.00 元

《樟属植物新品种DUS测试研究》

编 著 者

高　伟　江西省林业科学院

杨杰芳　江西省林业科学院

龚　春　江西省林业科学院

刘新亮　江西省林业科学院

李　江　江西省林业科学院

刘德明　浙江工业大学

董　琛　江西省林业科学院

华小菊　江西省林业科学院

高　芳　江西省永丰县国土空间调查规划中心

谢阳志　江西省林业科学院

刘　胜　江西省林业科学院

周增亮　江西省林业科学院

杨　亮　江西省吉安市林业科学研究所

谢谷艾　江西省林业科学院

胡丽芳　江西省农业科学院

潘红伟　中国林业科学研究院亚热带林业研究所

郭　捷　江西省林业科学院

王丽云　中国林业科学研究院亚热带林业实验中心

植物新品种保护，亦称"植物育种者权利"，与专利、商标、著作权一样，是知识产权保护的重要形式。作为现代种业体系发展的基石，植物新品种保护为种业的繁荣与可持续发展提供了强大的动力。我国自1997年3月20日颁布实施《中华人民共和国植物新品种保护条例》以来，有效调动了育种者的育种积极性，此后我国的植物新品种申请和授权情况基本呈现逐年上升的趋势。为进一步激发科研创新潜能，保护优良种质资源，促进特色林草产业蓬勃发展，截至2024年6月，国家林业和草原局已相继发布了九批《中华人民共和国植物新品种保护名录（林业部分）》，该名录广泛覆盖了313个植物新品种属（种），构建起一张全面而细致的保护网络，为我国种业科技的进步与繁荣奠定了坚实的基础。2004年10月14日，国家林业局将樟属（*Cinnamomum*）列入第四批林业植物新品种保护名录，意味着在我国销售期还未超过一年的樟属植物新品种均可向国家林业局植物新品种保护办公室提出新品种权保护的申请。2020年，林业行业标准《植物新品种特异性、一致性和稳定性测试指南 樟属》（LY/T 3121—2019）通过审查并发布实施，成为我国樟属植物DUS测试的技术依据。与此

同时，挂靠在江西省林业科学院的国家林草植物新品种南昌测试站于2020年开始筹建，经过三年的精心筹备，2023年成功通过了国家林业和草原局的验收，正式承担樟属等植物新品种的测试任务。这些重要进展标志着我国樟属植物新品种审查与测试体系正逐步走向成熟与完善。樟属植物在我国约有46种和1个变型，为中国亚热带至热带地区重要的植物种类，其中多种植物为重要的芳香药用植物。樟属植物起源古老、分布广泛、种间亲缘关系紧密，目前广泛栽培的樟、猴樟、云南樟、油樟、黄樟、银木等，由于形态特征相似，种类鉴别难以把握。另外，樟属植物种内存在化学多样性，不同化学类型同样难以辨别，这些问题严重阻碍了对其现有和潜在植物种类的保护和利用。本项目组在2020年开始筹建樟属植物新品种测试站即计划总结成果出版此书。四年来，为提高樟属植物新品种的测试水平，保证测试结果的真实性、科学性和准确性，编著者在参考国内外植物新品种测试技术的基础上，结合多年樟属植物新品种测试的经验，完成了本书的编写。本书主要内容包括林草植物新品种保护现状、樟属植物资源保护概况、樟属植物新品种权申请和测试流程、樟属植物DUS测试栽培管理、樟属植物DUS测试性状考察和分级、樟属植物新品种DUS测试拍摄规程及樟属植物已知品种资源。本书为樟属植物育种者和生产者、相关樟属新品种测试的技术人员及希望从事樟属新品种申请、测试的其他人员提供参考。本书得到国家林业和草原局科技发展中心科技项目"UPOV主要经济林新品种DUS测试指南编译"的支持。

限于编著者的经验和水平有限，书中难免有不足之处，恳请广大读者批评指正。

编　著　者

2023年12月

第 1 章

林草植物新品种
保护现状

植物新品种是知识产权领域的一个重要分支，也是知识产权强国建设的重要内容之一。随着经济的发展，全球化的趋势已经成为当今时代的主旋律，各国之间的竞争主要为经济层面的竞争。为了维持国家经济的稳定发展，各国对于知识产权的保护日益重视。各国林业产业的发展也愈发依赖知识产权保护，如今植物新品种权的竞争正在慢慢代替农林产品竞争成为各国在农林业竞争中的主战场。植物新品种权对于农林产品具有不可取代性，且更加容易形成垄断，而这种垄断一旦形成，竞争对手追赶的难度相较于农林产品垄断难得多，因此加大植物新品种权的保护对于推动我国农林种植业可持续发展具有至关重要的作用。

农业植物新品种和林业植物新品种是我国特有的概念，其他国家无此说法。根据我国行政部门的管辖不同，进而对植物新品种划分为农业植物新品种和林业植物新品种。其中农业农村部负责：粮食、棉花、油料、麻类、糖料、蔬菜、烟草、果树、观赏植物、草类、草本药材、食用菌等植物新品种。国家林业和草原局负责：林木，竹，木质藤本，木本观赏植物，果树（干果部分），木本油料、饮料、调料、木本药材等木本类植物新品种。1997年《中华人民共和国植物新品种保护条例》颁布实施以来，有效调动了育种者的育种积极性，在此期间我国的植物新品种申请和授权情况基本呈现逐年上升的趋势。但由于我国植物新品种构成结构单一，并且大多数国际植物新品种保护联盟（UPOV）成员国执行《国际植物新品种保护公约》（以下简称UPOV公约）1991年文本，即对所有植物种类加以保护，因此为了平衡我国林业新品种结构组成以及扩大国际影响，我国不断更新扩大林业植物新品种保护名录。自我国实施植物新品种保护制度以来，为促进我国育种的科研创新、保护优良种质资源、扶持特色作物，至2024年6月，国家林业和草原局前后共颁布了九批《中华人民共和国植物新品种保护名录（林业部分）》，涵盖313个植物新品种属（种）。

1.1 林草植物新品种保护的意义

植物新品种保护水平的高低与国家种业的发展息息相关，新品种保护水平高的国家，其在种子领域市场争夺中更具有垄断地位。发达国家依托科技水平的领先，往往能够将其他国家的优良遗传资源据为己用，进而获得巨大的经济利益，也进一步扩大了与发展中国家的资源差距，从而使得发展中国家面临科技水平落后、资源被掠夺、

国内种子市场被垄断的艰难局面。

1.1.1　激励育种创新

植物新品种保护制度的建立，无疑为育种者构筑了一道坚实的法律屏障。这种保护不仅确认了育种者对其新品种在市场上的所有权，更让育种者的辛勤付出得到了应有的回报。在这种法律保障下，育种者无须担心自己的创新成果被他人无偿使用或模仿，从而大大激发了他们投入更多资源和精力进行育种创新的热情。随着植物新品种所有权的确认，育种者可以更加放心地进行研发，不必担心新品种一旦推出就会立刻被市场上的其他竞争者所复制。这种安全感让育种者能够更专注于育种技术的提升和品种的优化，不断推动植物新品种的更新迭代，可以凭借自己的创新能力和技术实力，通过合法的手段获取市场份额和利润。这不仅保护了育种者的合法权益，也促进了整个行业的健康发展。

1.1.2　推动技术进步

林草植物新品种保护制度不仅鼓励了林业生物技术的研发和应用，更成为林业创新发展的催化剂。要想在植物新品种市场上取得独占权，就必须不断推陈出新，积极采用先进的育种技术和方法。

在这种激励机制下，育种者纷纷投入研发，运用基因编辑、分子标记辅助育种等现代生物技术，精确调控作物的遗传特性，提高育种效率和质量。这些技术的应用不仅缩短了育种周期，降低了成本，还使得新品种更加适应市场需求，具有更高的产量、更好的品质和更佳的观赏特性。

1.1.3　促进种业发展

植物新品种保护作为现代种业体系建设的基石，对于种业的长远发展具有无可替代的推动作用。在保护育种者权益的基础上，进一步激发了种业领域的创新活力，使得更多的科研机构和企业愿意投入资金、技术和人才，进行新品种的研发和培育。这不仅丰富了种业市场的产品种类，也提升了产品的质量和特性，满足了市场对多样化、高品质种子的需求。

同时，植物新品种保护相关法律法规的实施，促进了种业资源的优化配置。在保

护机制的引导下，育种者更加注重对种质资源的挖掘和利用，推动了种业内部资源的共享和互补。这种资源的优化配置，使得种业能够更好地适应市场变化，提高整体的风险抵抗能力。植物新品种保护强化了种业的品牌效应和知识产权保护，提高了种业行业整体竞争力。通过法律保护，新品种的独特性和创新性得到了充分认可，使得种业品牌在市场上更具影响力和竞争力。这不仅增强了种业企业的市场地位，也提高了我国种业在国际市场中的话语权和竞争力。

1.1.4　保护种植者合法权益

植物新品种保护有助于维护种植者的合法权益。我国有大量的植物新品种种植使用者，通过购买和使用受保护的种子或苗木，可以获得更好的经济效益。同时，植物新品种保护还可以防止假冒伪劣种子的流通，保障种植安全。

1.1.5　保障生态安全

植物新品种保护对于保障生态安全具有重要意义。通过培育和推广高产、优质、抗病虫害的植物新品种，可以提高农作物的产量和品质，减少农药和化肥的使用量，降低生产成本。这有助于培育出更多适应不同生态环境、具有更高产量和更好品质的新品种，为生态安全提供更加坚实的保障。

1.1.6　促进国际合作与交流

植物新品种保护制度为国际合作与交流提供了基础。各国在保护植物新品种方面有着共同的目标和利益，通过加强国际合作与交流，可以共同推动植物新品种保护事业的发展，促进全球农林业的可持续发展。

1.2　林草植物新品种保护发展现状

1.2.1　相关保护的法律和制度不断完善

我国于1997年颁布《中华人民共和国植物新品种保护条例》，建立植物新品种保护制度。2021年7月，习近平总书记主持召开中央全面深化改革委员会第20次会议，审议通过《种业振兴行动方案》，强调要综合运用法律、经济、技术、行政等多种手

段，推行全链条、全流程监管，对假冒伪劣、套牌、侵权等突出问题要重拳出击，让侵权者付出沉重代价。2021年12月24日，全国人大常委会颁布了修订后的《中华人民共和国种子法》（以下简称《种子法》），对我国植物新品种的保护作出调整，将通过繁殖材料获得的收获材料也纳入保护范围，使得育种者维权的机会相应增多。从而形成比较完善的法律法规体系。

1.2.1.1 《种子法》

2016年1月1日实施的新修订《种子法》将植物新品种保护单列一章。《种子法》的修订实施，提升了植物新品种保护的法律地位，加大了对品种权侵权行为的处罚，赔偿的数额明显提高。将特异性、一致性和稳定性（DUS）测试确定为品种管理的基本技术要求，并且明确了县级及以上行政主管部门责任。

1.2.1.2 《中华人民共和国植物新品种保护条例》

为保护植物新品种权，鼓励培育和使用植物新品种，促进农业、林业发展，1997年10月，国家颁布实施《中华人民共和国植物新品种保护条例》。2013年1月31日，国务院颁布实施《中华人民共和国植物新品种保护条例（修订版）》。修订版大幅度地提高了侵权和假冒品种权的处罚标准，以便更严厉地打击侵权和假冒活动。2014年7月29日，国务院颁布实施《中华人民共和国植物新品种保护条例（第二次修订版）》，新的修订版为植物品种权申请人提供更为方便的服务。

1.2.1.3 《中华人民共和国植物新品种保护条例实施细则（林业部分）》

1999年8月，林业部发布了《中华人民共和国植物新品种保护条例实施细则（林业部分）》。实施细则对条例的规定进行了细化，重点是明确了国家林业和草原局受理的植物新品种保护申请受理范围。国家林业和草原局负责受理和审查六大部分植物，分别为林木，竹，木质藤本，木本观赏植物，果树（干果部分），木本油料、饮料、调料、木本药材。并成立了林业植物新品种复审委员会，制定了植物新品种权申请、审查、授权等一系列法规文书，对新品种的申请、审批及授权保护等多方面做出了具体规定。

1.2.1.4 《中华人民共和国植物新品种保护名录（林业部分）》

截至2024年6月，国家林业和草原局共颁布九批《中华人民共和国植物新品种保护名录（林业部分）》，保护313个植物新品种属（种），尽可能地满足了育种者申请新品种保护的需求。

1.2.1.5 《关于审理植物新品种纠纷案件若干问题的解释》

2000年12月25日，由最高人民法院审判委员会第1154次会议通过，2001年2月14日起施行《最高人民法院关于审理植物新品种纠纷案件若干问题的解释》。该解释详细列出了11类关于植物品种纠纷案件的具体类型，并详细规定了其中部分案件的司法管辖权以及相关诉讼程序。能够更有效地保护林业植物新品种，进一步加强相应的行政执法力量。

1.2.1.6 《关于审理侵犯植物新品种权纠纷案件具体应用法律问题的若干规定》

2006年12月25日，最高人民法院审判委员会第1411次会议通过，自2007年2月1日起施行《最高人民法院关于审理侵犯植物新品种权纠纷案件具体应用法律问题的若干规定》。弥补了原有制度的一些不足，对一些含糊不清的概念做出了具体解释。

1.2.2　审批管理体系逐步建立

由国家林业和草原局植物新品种保护办公室（以下简称新品办）、新品种代理机构、专家顾问团队等组成，形成了申请、审查、授权等各环节有效配合的管理体系。

我国林草植物新品种保护主管部门是国家林业和草原局，具体工作实施是其下属的科技发展中心（国家林业和草原局植物新品种保护办公室），其主要工作职能：①参与拟订林草植物新品种保护、生物安全、生物遗传资源、知识产权、认证管理、人才发展等方面的法律法规、政策、规划、标准、规范；②承担林草转基因工程活动行政许可、植物新品种授权及其重大案件查处执法工作，承担林草转基因生物安全监测、生物遗传资源调查评估和知识产权纠纷预警防范工作；③承担全国统一的林草认证制度和体系建设工作，开展国际互认；④承担林草人才发展政策研究，人才流动和引进国外智力等相关工作；⑤承担林草植物新品种保护、生物安全、生物遗传资源、防范外来入侵物种等相关国际公约履约工作；⑥完成国家林业和草原局交办的其他任务。

品种权代理机构是承担植物新品种保护代理工作的服务机构。植物新品种权代理机构的主要作用是协助育种者申请植物新品种权并确保其得到有效保护。其服务范围涵盖了从品种选育、申请策略制定到申请材料准备和法律服务等方面，具体服务包括以下几个方面：

（1）专业咨询。代理机构提供专业的咨询服务，帮助育种者了解植物新品种权的

相关法律法规和标准。根据育种者的需求，提供具体的策略建议，帮助育种者合理规划品种选育和新品种权的申请流程。

（2）申请代理。机构将根据育种者的需求和实际情况，提供专业的申请代理服务。协助育种者准备植物新品种权申请材料，确保申请文件的准确和完整。此外，还负责与相关机构进行沟通和协商，代表育种者处理与申请过程相关的事务。

（3）维护和保护。一旦植物新品种权申请获得批准，植物新品种权代理机构将协助育种者维护和保护其权益。跟踪品种的使用情况，对于侵权行为提供法律支持和解决方案。帮助育种者了解权益范围的界定，保护其权益免受他人侵犯。

（4）业务辅助。代理机构还提供与植物新品种权相关的其他业务辅助服务。例如，可以帮助育种者进行专业的品种评估和鉴定，提供市场调研报告，协助制定品种推广和营销计划。

1.2.3　审查与测试体系不断加强

1999年4月23日，我国正式成为国际植物新品种保护联盟（UPOV）的第39个成员国。不断探索和完善专家现场实质审查，按UPOV规定和要求，认可和购买UPOV成员DUS测试报告。初步建立区域全覆盖的植物新品种测试体系，包括植物新品种特异性、一致性和稳定性（DUS）测试中心、测试分中心、专业测试站和分子测定实验室。

分别以国家标准、行业标准发布，保障了林业植物新品种审查授权质量。针对高大、生长周期长的乔木新品种，采取专业测试机构与专家现场审查相结合的方式完成实质审查，显著提高了林业植物新品种保护的审查效率。

1.2.4　申请和授权数量不断增加，育种人员积极性不断提高

国家林业和草原局通过深化林业植物新品种的培育工作，并大力加强植物新品种保护的宣传教育，积极鼓励林业科研单位及育种科技人员主动申请新品种保护。在此基础上，国家林业和草原局还不断加快品种权的受理与审查流程，从而显著提升了林业植物新品种的申请数量与授权数量，为林业植物新品种的创新与保护注入了强大动力。2017年以来，中国的植物新品种申请量一直居于首位。2020年以来，中国的植物新品种授权量始终排名第一。从2022年开始，中国已成为非居民申请数量最多的国家。在UPOV成员提交的2.7万多份植物新品种申请中，近一半是在中国

提交的。近年来，林业植物新品种申请量以及授权量总体呈上升趋势，反映了我国科研水平的不断进步以及科研育种人员对成果保护越来越重视。我国科研育种能力的进步，显示出了我国种业竞争力提高的积极信号。

自申请费用变为免费之后，我国林业植物新品种申请数量逐年增长，虽然其中有其他因素的存在，例如，我国科研水平的提高、育种人员更加重视对植物新品种的保护、科研团队人才的培养以及国家管理机构的完善等，但不可置疑的是，申请成本的下调，在很大程度上调动了科研育种人员的积极性，提高了我国每年农业植物新品种的申请量，对我国种业的发展和种业竞争力的提高起到了非常大的作用。

1.2.5 宣传培训不断强化

国家林业和草原局植物新品种保护办公室每年定期举办林业植物新品种保护和测试技术培训班，培训林业植物新品种保护管理和测试技术人员。这些培训班不仅吸引了来自全国各地的林业植物新品种保护管理和测试技术人员，还邀请了业界专家、学者进行授课，分享最新的保护策略和测试技术。

培训班的内容涵盖了林业植物新品种保护法律法规、知识产权保护的重要性、新品种的鉴定与测试技术等多个方面。通过理论学习、案例分析、实地考察等多种教学方式，学员们能够全面了解和掌握林业植物新品种保护管理的相关知识和技能。

1.2.6 品种权转化运用能力明显提高

国家林业和草原局设立了推动植物新品种转化与应用的政策和激励措施，通过精心筛选优秀的植物新品种，将其纳入各级林业科技成果转化计划中，以实现产业化开发并广泛推广。每年，国家林业和草原局都会编纂并发布《中国林业植物授权新品种》，并举办植物新品种发布推介会、植物新品种新技术拍卖会等活动，为品种权人与生产单位之间搭建起有效的沟通桥梁。这一系列举措使得一批优质的林木、经济林和花卉新品种得以成功转化并应用于实际生产中。例如开展了油茶、茶花授权新品种转化应用试点。授权植物新品种转化应用是展示新品种生产潜力、发挥新品种效益的重要途径，国家林业局科技发展中心（植物新品种保护办公室）2017年组织实施了7个林业授权植物新品种转化应用试点项目，涉及9个授权植物新品种，并及时公告植物新品种权转让。

1.2.7　保护意识和行政执法力度不断加大

国家林业和草原局制定并实施了《林业植物新品种行政执法管理办法》，旨在高效处理植物新品种的侵权和假冒案件，以维护植物新品种市场的公平交易秩序。特别是自2010年起，每年都会开展专项行动，重点打击林业植物新品种权的侵犯行为。这些行动主要针对各类林木、花卉博览会和交易会等进行深入检查，以集中力量遏制植物新品种的侵权和假冒现象，形成了对侵犯植物新品种权行为的严厉打击态势。同时，为了加大执法力度，国家林业和草原局还构建了月季、牡丹、核桃等新品种的DNA图谱数据库，为执法取证工作提供了强有力的技术支撑。

安徽、福建等地为鼓励新品种创新和花卉新品种培育，取得新品种权保护，提升产业发展水平，出台了重奖的激励政策。福建省林业厅和财政厅联合发布2018年省级财政花卉产业发展项目管理工作通知，明确将继续支持新建花卉苗木生产设施，发展花卉精深加工和花卉采后处理设施项目，对2015年以来获得国家植物新品种权保护的选育单位给予重奖，每个草本花卉品种和木本花卉品种分别奖励10万元和20万元。

1.2.8　林业植物新品种保护合作交流成效显著

国家林业和草原局认真履行UPOV公约，先后承办了多次植物新品种保护国际会议，开展履约研究，参与UPOV理事会和技术工作组会议。并完成了山茶属、丁香属和牡丹等植物新品种国际测试指南编制，与韩国、日本及东盟10国共同建立了东亚植物新品种保护论坛，参与东亚植物新品种保护论坛各项活动。与欧盟及荷兰、德国、日本、韩国等开展多边和双边合作交流与人员培训。广泛参与中欧、中瑞、中日韩等多边和双边保护知识产权对话及谈判。

1.3　林草植物新品种保护存在的主要问题

1.3.1　我国植物新品种保护力度有待加强

《植物新品种保护条例》按照UPOV公约1978年文本框架制定，保护水平较低，颁布已20多年。《种子法》将植物新品种保护作为专章列入，但就保护水平而言，未做实质性调整。与当前建设创新型国家和发展现代种业的要求相比差距甚远。

1.3.2 知识产权保护意识有待提升

我国大部分科研育种单位对新品种权这种无形资产重要性的重视程度不如有形资产。大多数科研单位缺乏对知识产权法律制度熟悉的人才，也缺乏专门对团队育种成果进行保护的法律性人才。从而导致面对侵权情况和自己利益受到损害时处理得不够专业，而且耗费大量时间和成本。尤其是种业企业，对植物新品种权保护的认识还不够，很多经营管理人员不了解植物新品种权保护的意义，甚至误以为申请品种审定、认定，就可以保护自己的知识产权。部分单位和育种人员不了解申请植物新品种权对品种新颖性的要求，不熟悉申请流程，甚至在品种推广之后才去申请保护。

1.3.3 侵权现象时有发生

我国目前植物新品种侵权案件发生频繁。由于植物亲本繁殖材料容易获得，维权成本较高和难度较大，以及利润空间大，致使很多私人种子公司私自制种，套牌、同物异名等现象也在种子市场屡见不鲜。如河北省林业科学研究院等单位培育的'美人榆'新品种，是目前全国生产、应用范围最广的彩色林木新品种之一，却在全国十多个省份遭数百家苗木生产企业侵权，侵权标的额预计超过15亿元。侵权案件的发生很大原因在于维权过程中取证困难，由于一个植物新品种的育种周期往往需要几年的时间，在育种过程中有时会出现科研成果被剽窃的事件，而盗取品种的繁殖材料难度并不大。此外，由于科研育种基地的保护手段不完善以及在对外展示的新品种观摩会上品种保护措施不完善，易被盗取亲本的繁殖材料，在制种过程中也会出现育种成果被盗取的现象。

1.3.4 成果转化效率不高

现有林业植物新品种科技成果以单项技术成果居多，综合配套技术成果较少，制约了科技成果在生产中的应用程度。科研工作人员有着较高的育种创新积极性，但科技成果转化率明显偏低，市场化的新品种不多，助推林业高质量发展的作用有限。

1.4 林草植物新品种申请与授权现状

1.4.1 林草植物新品种申请与授权概况

近年来，我国林草植物新品种申请和授权数量稳步增加。2022年，国家林业和草原局植物新品种保护办公室共受理植物新品种权申请1828件，授予植物新品种权651件。截至2022年年底，国家林业和草原局已受理国内外植物新品种申请8836件，其中国内申请人7472件，国外申请人1364件（图1-1）；授予植物新品种权4055件，其中国内品种权人3350件，国外品种权人705件（图1-2）。2016年以来，林业和草原植物新品种的申请量和授权量均快速增长（国家林业和草原局科技发展中心、国家林业和草原局知识产权研究中心，2022）。

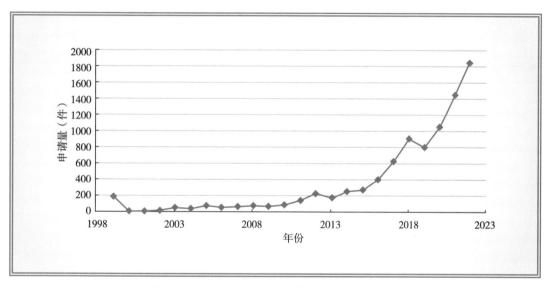

图1-1　1999—2022年林草植物新品种申请量

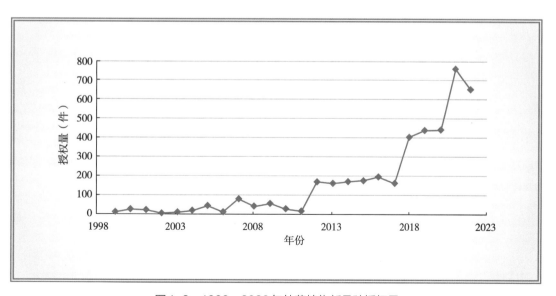

图1-2　1999—2022年林草植物新品种授权量

1.4.2 授权品种分析

1.4.2.1 植物类别分析

林草植物新品种的植物类别以观赏植物为主，2022年，授权林草植物新品种中，观赏植物498件，占年度授权总量的76.50%，其次是林木68件（10.45%）、经济林62件（9.52%）、木质藤本7件（1.08%）。截至2022年年底，授权林草植物新品种中，观赏植物2777件，占总量的68%，其次是林木606件（15%）、经济林539件（13%）（图1-3）。

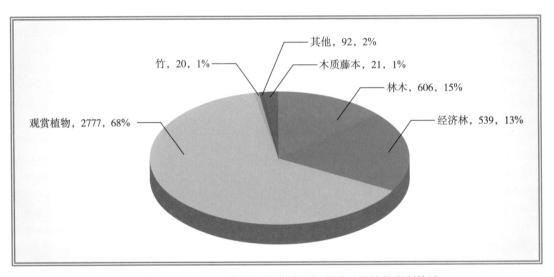

图1-3　1999—2022年授权林草植物新品种不同植物类别统计

1.4.2.2 申请国家分析

2022年，国内申请人获得授权林草植物新品种权501件，占年度授权总量的76.96%，授权品种以蔷薇属和李属为主；在国外申请人中，有9个国家的品种权人获得授权林草植物新品种授权150件，占年度授权总量的23.04%，授权品种以蔷薇属为主。截至2022年年底，国内申请人获得授权林草植物新品种权3350件，占授权总量的83%，授权品种以蔷薇属和芍药属为主；国外共有13个国家的品种权人在中国获得授权林草植物新品种权705件，占授权总量的17.39%，授权品种以蔷薇属为主，其次是越橘属和大戟属，授权量最多的国家是荷兰，共294件，其次是法国（102件）、德国（93件）、美国（69件）、英国（44件）、澳大利亚（33件）、丹麦（32件）、日本（20件）（图1-4）。

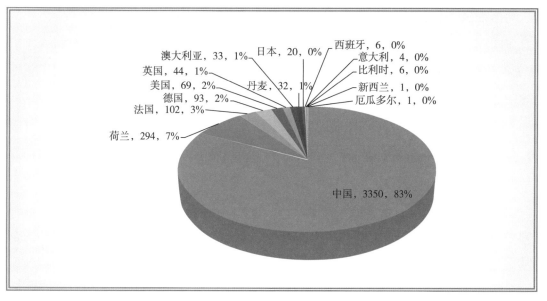

图1-4 1999—2022年授权林草植物新品种各国数量统计

1.4.2.3 属（种）分析

2022年，林草植物新品种授权量最多的是蔷薇属，其次是李属、杜鹃花属、芍药属、越橘属、紫薇（图1-5）。截至2022年年底，授权量最多的依次是蔷薇属932件，占授权总量的23%，其次是芍药属201件（5%）、杜鹃花属194件（5%）、杨属178件（4%）、李属176件（4%）。

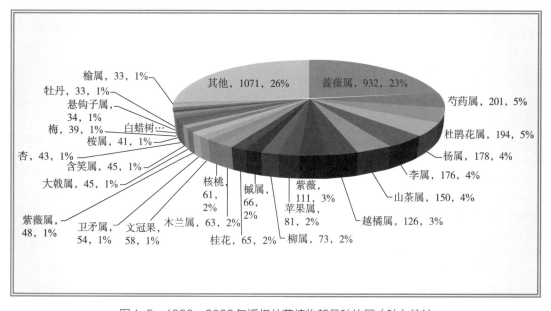

图1-5 1999—2022年授权林草植物新品种的属（种）统计

1.4.2.4 品种权人授权量分析

品种权人分析包括每件授权植物新品种的所有共同品种权人，并对品种权人（机构）的不同写法、历史变迁和异名进行了规范化加工整理，以保持统计数据的完整性和准确性。

2022年，林业和草原植物新品种授权量最多的是云南锦科花卉工程研究中心有限公司，共31件，其次是中国科学院（27件）、云南省农业科学院（25件）、中国林业科学研究院（23件）、北京林业大学（23件）；排名前16的品种权人中有3家外国企业。截至2022年年底，林业和草原植物新品种授权总量最多的是北京林业大学，共273件，其次是中国林业科学研究院（224件）；排名前15的品种权人中有2家外国企业，分别是迪瑞特知识产权公司（De Ruiter Intellectual Property B.V.）（92件）、德国科德斯月季育种公司（W.Korder'Sohne）（43件）（图1–6）。

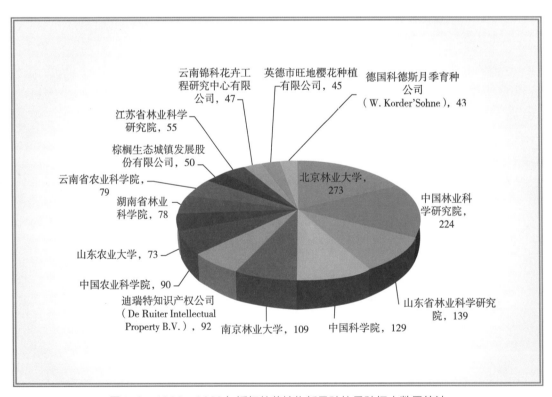

图1-6　1999—2022年授权林草植物新品种的品种权人数量统计

1.4.2.5 品种权人构成分析

品种权人构成分析以第一品种权人类型进行统计。2022年，林业和草原植物新品种的品种权人以企业为主，共获得植物新品种权303件（46.54%），其次是科研院

所212件（32.57%）和高等院校89件（13.67%）。截至2022年年底，林业和草原植物新品种的品种权人以企业和科研院所为主，分别获得植物新品种权1654件和1166件，分别占总量的40.79%和28.75%，其次是高等院校685件（16.89%）。企业更加侧重于观赏植物的新品种培育，科研院所和高等院校则相对均衡一些，林木和经济林的新品种培育也较多（表1-1）。

表1-1 1999—2022年林业和草原授权品种中不同植物类别品种权人授权量统计

单位：件

植物类别	企业	科研院所	高等院校	个人	其他	植物园	合计
观赏植物	1310	585	416	174	119	140	2744
林木	135	293	141	46	10	3	628
经济林	154	255	97	26	15	2	549
其他	48	18	19	3	5	0	93
木质藤本	7	4	3	0	2	5	21
竹	0	11	9	0	0	0	20
合计	1654	1166	685	249	151	150	4055

1.4.2.6 授权品种地域分析

授权品种地域分析根据品种培育地进行统计。2022年，全国共有27个省（自治区、直辖市）获得林业和草原植物新品种权，授权量最多的是云南和北京，分别为75件和74件，占国内授权总量的14.97%和14.77%，其次是浙江（45件）、江苏（41件）、山东（37件）和福建（36件）。截至2022年年底，全国共有29个省（自治区、直辖市）获得林业和草原植物新品种权，授权量最多的是北京，共607件，占国内授权总量的18.12%，其次是山东、浙江、云南和江苏。北京以芍药属、山东以柳属、浙江以杜鹃花属、云南以蔷薇属、江苏以苹果属为主要授权品种（表1-2）。

表1-2 1999—2022年各省（自治区、直辖市）林业和草原植物新品种授权量统计

单位：件

序号	省（自治区、直辖市）	1999—2022年授权总量	2022年授权量	主要属（种）
1	北京	607	74	芍药属、杨属、蔷薇属
2	山东	421	37	柳属、苹果属
3	浙江	375	45	杜鹃花属
4	云南	313	75	蔷薇属

（续）

序号	省（自治区、直辖市）	1999—2022年授权总量	2022年授权量	主要属（种）
5	江苏	242	41	苹果属
6	广东	226	30	李属、山茶属
7	河南	175	15	杨属、卫矛属
8	湖南	131	30	紫薇、山茶属
9	福建	127	36	李属、桂花
10	河北	104	25	枣属、榆属
11	辽宁	99	27	越橘属
12	甘肃	75	1	芍药属
13	上海	58	1	山茶属、木瓜属
14	广西	57	17	木槿属、桂花
15	黑龙江	49	4	锦带花属
16	陕西	47	5	木兰属
17	四川	37	4	木槿属、核桃属、花椒属
18	湖北	33	6	悬铃木属
19	江西	30	2	南酸枣属
20	内蒙古	29	4	杨属、圆柏属
21	宁夏	28	1	枸杞属
22	安徽	24	3	杜鹃花属、楝属
23	新疆	18	6	核桃属、胡颓子属
24	山西	17	0	核桃属、皂荚属
25	贵州	9	2	方竹属、蔷薇属
26	海南	7	7	木槿属
27	吉林	5	1	杨属、越橘属
28	天津	4	0	蔷薇属
29	重庆	3	2	桂花、木通属、杜鹃花属
	合计	3350	501	

第 2 章

樟属植物
资源保护概况

2.1 樟属植物资源概述

2.1.1 樟属植物资源种类与形态特征

樟属（*Cinnamomum*）植物是双子叶植物纲木兰亚纲樟科（Lauraceae）中的一属，全世界约250种，广泛分布于热带、亚热带亚洲东部、澳大利亚及太平洋岛屿。我国约有46种和1变型，主要分布于南方各省区，北达陕西及甘肃南部。樟属为中国亚热带至热带地区重要的树种，多树种为重要的芳香药用植物、珍贵的药材，材质优良，为珍贵的经济林及涵养水源林树种。樟属大多数植物种类的枝叶、根、树皮或木材富含精油，它们是日用化学工业、香料工业、食品工业、制药工业等的重要原料来源之一，我国生产的植物精油或精油产品，如桂油、黄樟油素、右旋龙脑、左旋芳樟醇、右旋芳樟醇、柠檬醛等主要来源于樟属植物。樟树等木材质地坚硬细致，是高档家具及木工艺品用材，其根材可作工艺美术品。此外，樟属植物也具有重要的生态价值，是热带至亚热带常绿阔叶林中关键的主导类群。

樟属植物为常绿乔木或灌木；树皮、小枝和叶极芳香。芽裸露或具鳞片，具鳞片时鳞片明显或不明显，覆瓦状排列。叶互生、近对生或对生，有时聚生于枝顶，革质，离基三出脉或三出脉，亦有羽状脉。花小或中等大，黄色或白色，两性，稀为杂性，组成腋生或近顶生、顶生的圆锥花序，由（1）3朵至多花的聚伞花序所组成。花被筒短，杯状或钟状，花被裂片6，近等大，花后完全脱落，或上部脱落而下部留存在花被筒的边缘上，极稀宿存。能育雄蕊9枚，稀较少或较多，排列成三轮，第一、二轮花丝无腺体，第三轮花丝近基部有一对具柄或无柄的腺体，花药4室，稀第三轮为2室，第一、二轮花药药室内向，第三轮花药药室外向。退化雄蕊3枚，位于最内轮，心形或箭头形，具短柄。花柱与子房等长，纤细，柱头头状或盘状，有时具三圆裂。果肉质，有果托；果托杯状、钟状或圆锥状，截平或边缘波状，或有不规则小齿，有时有由花被片基部形成的平头裂片6枚。

樟属植物又分为樟组（Sect. *Camphora*）和肉桂组（Sect. *Cinnamomum*）。其中樟组植物，结果时花被片完全脱落；芽鳞明显，覆瓦状；叶互生，近离基三出脉或羽状脉，侧脉脉腋通常在下面有腺窝，上面有明显或不明显的泡状隆起，常见的有樟（*Cinnamomum camphora*）、猴樟（*Cinnamomum bodinieri*）、沉水樟（*Cinnamomum*

micranthum）、油樟（*Cinnamomum longepaniculatum*）、阔叶樟（*Cinnamomum platyphyllum*）、黄樟（*Cinnamomum porrectum*）、银木（*Cinnamomum septentrionale*）等。肉桂组植物，结果时花被片宿存，或上部脱落下部留存在花被筒的边缘上；芽裸露或芽鳞不明显；叶对生或近对生，三出脉或离基三出脉，侧脉脉腋下面无腺窝，上面无明显泡状隆起，常见植物有肉桂（*Cinnamomum cassia*）、阴香（*Cinnamomum burmanni*）、川桂（*Cinnamomum wilsonii*）等。根据《中国植物志》（第31卷）记载，樟属各植物分种检索如表2-1所示。

表2-1 樟属植物分种检索表

形态描述	组/种中文名	组/种拉丁名
1. 果时花被片完全脱落；芽鳞明显，覆瓦状；叶互生，羽状脉、近离基三出脉或稀为离基三出脉，侧脉脉腋通常在下面有腺窝，上面有明显或不明显的泡状隆起	樟组	*Camphora*（Trew）Meissn.
2. 叶老时两面或下面明显被毛，毛被各式，若叶老时下面变无毛，则叶先端呈尾状渐尖		
3. 叶先端呈尾状渐尖或骤然渐尖		
4. 叶卵圆形或卵状长圆形，长9～15cm，宽3～5.5cm，幼时上面沿中脉下面全面密被柔毛，老时上面无毛但下面被灰褐色柔毛，侧脉6～8对；花被裂片两面无毛；果卵球形，长1.3cm，宽约1cm	尾叶樟	*Cinnamomum caudiferum* Kosterm.
4. 叶卵状椭圆形或披针形，长6～8.5（9）cm，宽2～3cm，上面无毛，下面初时被短柔毛后渐变无毛，侧脉5～6（7）对；花被裂片外面被贴生短柔毛，内面疏被长硬毛；果球形，直径约7mm	菲律宾樟树	*Cinnamomum philippinense* (Merr.) C. E. Chang
3. 叶先端不呈尾状渐尖或骤然渐尖		
5. 圆锥花序密被毛，毛被各式		
6. 果托伸长，长达1.5cm，顶端增大成浅杯状，宽达8mm；圆锥花序腋生或顶生，长4.5～8.5（12）cm，极密被灰色绒毛；花被两面被绢状微柔毛；叶倒卵形或近椭圆形，长7.5～13.5cm，宽4.5～7cm，下面初时密被柔软绒毛后毛被渐变稀疏	细毛樟	*Cinnamomum tenuipilum* Kosterm.
6. 果托短小，长约5mm，顶端增大成盘状，宽3.5～4mm；圆锥花序腋生，长7～15cm，密被白色绢毛或灰褐至淡黄褐色短绒毛；叶卵圆形、阔卵圆形、椭圆形或椭圆状披针形，下面被短绒毛或绢毛		
7. 小枝、叶下面及果序密被灰褐至淡黄褐色短柔毛；叶下面细脉几不可见，侧脉脉腋通常在上面有泡状隆起，下面不明显呈窝穴状；果被灰褐至淡黄褐色柔毛	阔叶樟	*Cinnamomum platyphyllum* (Diels) Allen
7. 小枝、叶下面及果序密被白色绢毛；叶下面细脉多少明显可见且略呈浅蜂巢状，侧脉脉腋上面微凸起，下面呈浅窝穴状；果无毛	银木	*Cinnamomum septentrionale* Hand.–Mazz
5. 圆锥花序无毛或近无毛		

（续）

形态描述	组/种中文名	组/种拉丁名
8. 叶上面幼时被稀疏小柔毛，但毛被很快全然脱落变极无毛，下面幼时被极密黄色小柔毛，后毛被渐变稀疏，中脉及侧脉在上面凹陷下面凸起，叶下面侧脉脉腋无明显的腺窝；圆锥花序长7～11cm，具12～16朵花，总梗、序轴与花梗初时被稀疏小柔毛后渐变极无毛；花被两面密被微柔毛	毛叶樟	*Cinnamomum mollifolium* H. W. Li
8. 叶上面幼时被极细的微柔毛，其后变无毛，下面被极密的绢状微柔毛，中脉及侧脉两面近明显，叶下面侧脉脉腋有明显的腺窝；圆锥花序长（5）10～15cm，多花，总梗与各级序轴无毛，花梗被绢状微柔毛；花被裂片外面近无毛，内面被白色绢毛	猴樟	*Cinnamomum bodinieri* Levl.
2. 叶老时两面无毛或近无毛		
9. 圆锥花序多少被毛，毛被各式		
10. 果托高脚杯状，长约1.2cm，顶部盘状增大，宽达1cm，具圆齿，外被极细灰白微柔毛；果球形，直径1.2～1.3cm；叶卵圆形至卵圆状长圆形，长4.5～16cm，宽2.5～7cm，上面无毛，下面被极细的灰白微柔毛，侧脉脉腋下面无明显的腺窝，叶柄长1.3～3cm	米槁	*Cinnamomum migao* H. W. Li
10. 果托浅杯状或钟状，口部宽度和其长度几相等；果倒卵形或卵球形，不呈球形		
11. 叶具侧脉3～5对，侧脉脉腋下面常有明显腺窝；果倒卵形，长约2cm，紫黑色；果托钟形，长1.2～1.8cm	八角樟	*Cinnamomum ilicioides* A. Chev.
11. 叶具侧脉5～7对，侧脉脉腋下面无明显腺窝；果卵球形，长1.5～2cm；果托浅杯状，长0.5～1.5cm		
12. 叶长圆形，有时卵状长圆形，长5～13cm，宽2～5cm，柄长0.5～1.5cm；果长1.5cm，直径9mm；果托长5mm，顶端宽6.5mm	岩樟	*Cinnamomum saxatile* H. W. Li
12. 叶卵圆形，长7～12.5cm，宽2.8～7.8cm，柄长2～4cm；果长约2cm，直径约1.7cm；果托长宽约1.5cm	长柄樟	*Cinnamomum longipetiolatum* H. W. Li
9. 圆锥花序无毛或近无毛		
13. 叶干时上面黄绿色下面黄褐色，下面仅侧脉脉腋有毛，长圆形或椭圆形至卵圆状椭圆形，长7.5～9.5cm，宽4～5.7cm；圆锥花序顶生或间有腋生，短促，长仅（2）3～5cm，少花，干时呈茶褐色，近无毛或仅序轴基部被短柔毛；果椭圆形，长1.5cm，直径1cm，鲜时淡绿色，具斑点，无毛；果托壶形，长9mm，自长宽2mm的狭窄圆柱形基部向上骤然喇叭状增大，顶端宽达9mm，边缘具波齿	沉水樟	*Cinnamomum micranthum* (Hay.) Hay
13. 叶干时上面不为黄绿色，下面不为黄褐色；圆锥花序腋生或腋生及顶生，多少伸长，多花，不呈茶褐色		
14. 叶卵状椭圆形，下面干时常带白色，离基三出脉，侧脉及支脉脉腋下面有明显的腺窝	樟	*Cinnamomum camphora* (L.) Presl.
14. 叶形多变，但下面干时不带或不明显带白色，通常羽状脉，仅侧脉脉腋下面有明显的腺窝或无腺窝		

（续）

形态描述	组/种中文名	组/种拉丁名
15. 圆锥花序通常多花密集，纤细而优美，长9～20cm；叶多卵圆形，长6～12cm，宽3.5～6.5cm，先端骤然短渐尖至长渐尖，常呈镰形	油樟	*Cinnamomum longepaniculatum* (Gamble) N. Chao ex H. W. Li
15. 圆锥花序较少花，较短小；叶形多变异，一般为椭圆状卵形或长椭圆状卵形		
16. 叶下面侧脉脉腋腺窝不明显，上面相应处也不明显呈泡状隆起	黄樟	*Cinnamomum porrectum* (Roxb.) Kosterm.
16. 叶下面侧脉脉腋腺窝十分明显，上面相应处也有明显呈泡状隆起		
17. 叶革质，干时上面呈黄绿色而下面略淡或淡绿色，下面侧脉脉腋腺窝只有一个窝穴	云南樟	*Cinnamomum glanduliferum* (Wall.) Nees
17. 叶坚纸质，干时上面绿色而带红褐色，下面淡绿色，下面侧脉脉腋腺窝有1～2个窝穴	坚叶樟	*Cinnamomum chartophyllum* H. W. Li
1. 果时花被片宿存，或上部脱落下部留存在花被筒的边缘上；芽裸露或芽鳞不明显；叶对生或近对生，三出脉或离基三出脉，侧脉脉腋下面无腺窝，上面无明显泡状隆起	肉桂组	*Cinnamomum*
18. 叶两面尤其是下面幼时无毛或略被毛老时明显无毛或变无毛，后种情况如土肉桂和假桂皮树，此时老叶下面仅疏被微柔毛或短柔毛		
19. 花序少花，常为近伞形成伞房状，具（1）3～5花，通常均短小		
20. 叶小，倒卵形，长4～6cm，宽2～3cm，先端钝或圆形，网脉两面明显凸起	网脉桂	*Cinnamomum reticulatum* Hay.
20. 叶通常较大，卵圆形、卵圆状披针形或披针形至长圆状披针形，先端短渐尖，或急尖，偶有钝的，网脉两面尤其是上面不明显且不凸起		
21. 花被外面全然无毛，边缘具乳突小纤毛，内面被丝毛	野黄桂	*Cinnamomum jensenianum* Hand.–Mazz.
21. 花被两面密被灰白短丝毛，边缘不具乳突小纤毛		
22. 成熟果较大，卵球形，长达2cm，直径1.4cm；果托高1cm，顶端截形，无齿裂，宽达1.5cm；果梗长约0.5cm	卵叶桂	*Cinnamomum rigidissimum* H. T. Chang
22. 成熟果较小，椭圆形，长1.1cm，直径5～5.5mm；果托长约3mm，顶端具整齐的截状圆齿，宽达4mm；果梗长达9mm	少花桂	*Cinnamomum pauciflorum* Nees
19. 花序近总状或圆锥状，多花，具分枝，分枝末端为1-3-5 花的聚伞花序		
23. 果托边缘截平，波状或不规则的齿裂		
24. 花序无毛		
25. 叶卵圆状长圆形至长圆状披针形，长7～10cm，宽3～3.5cm，先端锐尖至渐尖，基部宽楔形或钝形，两面无毛	天竺桂	*Cinnamomum japonicum* Sieb.

（续）

形态描述	组/种中文名	组/种拉丁名
25. 叶卵圆形至长圆形，长8～12cm，宽（2.5）3.5～5（5.5）cm，先端短渐尖，基部近圆形，上面无毛，下面疏被短柔毛	土肉桂	*Cinnamomum osmophloeum* Kanehira
24. 花序多少被毛		
26. 花序圆锥状，三歧式，多分枝，与叶片等长，分枝叉开，末端为3花的聚伞花序；叶椭圆形，长4～9.5cm，宽2～3.5cm，先端骤狭成短而钝的尖头，基部楔形，上面光亮，下面微红带苍白色，离基三出脉，侧脉与中脉上面稍凹陷，下面十分凸起	粗脉桂	*Cinnamomum validinerve* Hance
26. 花序近总状或圆锥状，但都短于叶片很多，分枝不叉开；叶为卵圆状长圆形或卵圆状披针形至椭圆状披针形，侧脉与中脉上面稍凸起，下面明显凸起		
27. 叶坚纸质，椭圆状披针形，长5.5～11cm，宽1.6～4cm，先端渐尖，基部锐尖或近圆形；花序疏被灰白微柔毛；果托革质，边缘有不规则的钝齿	软皮桂	*Cinnamomum liangii* Allen
27. 叶革质，卵圆状长圆形或卵圆状披针形至椭圆状披针形；花序被近贴伏状绒毛或密被灰白丝状短柔毛；果托的边缘全缘		
28. 叶卵状长圆形或卵状披针形至长圆形，长（6）8～12（17）cm，宽（2.5）3～5（5.5）cm，上面干时褐色，下面白绿色且疏被极细的微柔毛；短小的圆锥花序腋生或近顶生，但通常多数着生在远离枝端的叶腋内，被灰白丝状短柔毛；果托革质	假桂皮树	*Cinnamomum tonkinense* (Lec.) A. Chev.
28. 叶椭圆状披针形，长7～11cm，宽1.5～3.5cm，上面干时褐绿色，下面淡绿色且疏被皱波状短柔毛后渐变无毛；短小的圆锥花序腋生或近顶生，但不明显多数着生在远离枝端的叶腋内，被近贴伏状的绒毛；果托木质	平托桂	*Cinnamomum tsoi* Allen
23. 果托具整齐6齿裂，齿端截平、圆或锐尖		
29. 圆锥花序分枝末端通常为3-1花的聚伞花序；叶片离基三出脉的基生侧脉直达叶端或在叶端之下消失或上升至叶片3/4处消失		
30. 圆锥花序短小，长（2）3～6cm，比叶短很多，被灰白微柔毛；叶卵圆形、长圆形、披针形至线状披针形或线形；果卵球形，长约8mm，宽约5mm	阴香	*Cinnamomum burmanni* (Nees et T.Nees) Blume
30. 圆锥花序均较长大，常与叶等长，被灰白短柔毛或微柔毛；叶卵圆形、卵状披针形至椭圆状长圆形；果椭圆形或卵球形，长在13mm以上		
31. 叶椭圆状长圆形，长12～30cm，宽4～9cm，先端钝、急尖或渐尖，基部近圆形或渐狭，硬革质，两面无毛，三出脉或离基三出脉，侧脉斜伸，与中脉直贯至叶端，其间由横脉及小脉连接，叶柄长1～1.5cm	钝叶桂	*Cinnamomum bejolghota* (Buch.-Ham.) Sweet
31. 叶卵形至长圆状卵圆形或卵圆状披针形，较小，先端锐尖或渐尖但绝不为钝形，基部锐尖或圆形，革质或近革质至坚纸质，两面无毛，离基三出脉，侧脉达叶片长3/4处或近尖端处消失不贯至叶端，其间与中脉由横脉及小脉连接，叶柄长1.5～2cm		

（续）

形态描述	组/种中文名	组/种拉丁名
32. 叶革质，卵圆形或长圆状卵形，长 8～11（14）cm，宽 4～5.5（9）cm，先端锐尖，基部圆形，基生侧脉达叶片长 3/4 处消失，下面具明显而密集的浅蜂巢状脉网；圆锥花序顶生；果托具齿裂，齿短而圆；野生植物，枝、叶、树皮干时不具香气	兰屿肉桂	*Cinnamomum kotoense* Kanehira et Sasaki
32. 叶质地和叶形多变，革质或近革质至坚纸质，卵圆形或卵状披针形，长 11～16cm，宽 4.5～5.5cm，先端渐尖，基部锐尖，基生侧脉近叶端处消失，横脉和小脉在叶下面常稍为显著但不明显呈浅蜂巢状脉网；圆锥花序腋生及顶生；果托具齿裂，齿先端截形或锐尖；栽培植物，枝、叶、树皮干时具浓烈香气	锡兰肉桂	*Cinnamomum zeylanicum* Bl.
29. 圆锥花序分枝末端通常为 3～5 花的聚伞花序；叶片卵圆形、长圆形或披针形，长 7.5～15cm，宽（2.5）3～5.5cm，先端长渐尖，基部锐尖，离基三出脉，中脉直贯叶端，基生侧脉在叶端	柴桂	*Cinnamomum tamala* (Bauch.-Ham.) Nees et Eberm
18. 叶两面尤其是下面幼时明显被毛，毛被各式，老时全然不脱落或渐变稀薄，极稀最后变无毛，后种情况如屏边桂、川桂、聚垫桂及辣汁树，但叶下面幼时密被灰白至银色绢毛或绢状微柔毛，花序也通常伸长，若短小则不为近伞形或伞房状甚至有退化仅 3 花的		
33. 雄蕊花药下方 2 室全为侧向；子房各处被硬毛；果卵球形，长达 2.5cm，直径 2cm，先端具小尖头，基部渐狭，外皮粗糙，除顶端略被柔毛外余各部无毛；花序长（2）3～4cm，具少数花，着生在幼枝近顶端叶腋内，常多数密集且彼此接近，近无梗或具短梗；乔木，各部被黄色绒毛；叶椭圆形或披针状椭圆形，长 9～13（16）cm，宽 3～5（7.5）cm，叶柄长 8～12（16）mm	刀把木	*Cinnamomum pittosporoides* Hand.-Mazz.
33. 雄蕊花药下方 2 室非侧向；子房无毛，若被毛不为硬毛；果较小，通常长在 1cm 以下，先端不明显具小尖头，无毛；圆锥花序顶生或腋生，通常远离，明显具长梗		
34. 基生侧脉向叶缘一侧有附加小脉 4～6 条，附加小脉正如基生侧脉和中脉一样在上面平坦或略凹陷下面十分突起，叶片长圆形，长 12.5～24cm，宽 4.5～8.5（10.5）cm，先端锐尖，基部宽楔形	屏边桂	*Cinnamomum pingbienense* H. W. Li
34. 基生侧脉向叶缘无附加小脉，若有附加小脉也不明显		
35. 幼枝、花序、叶下面及叶柄被黑栗色或红棕色细柔毛；叶椭圆形至长圆状披针形，长 7～9cm，宽 2.5～4cm，明显三出脉或离基三出脉，脉在上面下陷下面十分突起，边缘内卷	红辣槁树	*Cinnamomum kwangtungense* Merr.
35. 幼枝、花序、叶下面及叶柄毛被不为黑栗色或红棕色		
36. 植株各部毛被为灰白至银色柔毛、微柔毛或绢毛		
37. 花梗丝状，长 6～20mm；叶卵圆形或卵状长圆形，长 8.5～18cm，宽 3.2～5.3cm，先端渐尖，尖头钝，基部渐狭下延至叶柄但有时为近圆形，革质，上面绿色，光亮，无毛，下面灰绿色，幼时明显被白色丝毛但最后变无毛，离基三出脉，叶柄长 10～15mm；圆锥花序长 3～9cm，少花，被丝状微柔毛，单一或多数密集于叶腋内	川桂	*Cinnamomum wilsonii* Gamble
37. 花梗均较短，长均在 6mm 以下		

（续）

形态描述	组/种中文名	组/种拉丁名
38. 果时花被片宿存，稍增大而开张；叶大型，卵圆形或椭圆形，长12～35cm，宽5.5～8.5cm，三出脉或离基三出脉，中脉及侧脉两面突起	大叶桂	*Cinnamomum iners* Reinw. ex Bl.
38. 果时花被片多少脱落；叶较小		
39. 叶卵形至宽卵形，长9～14cm，宽3.5～7.5cm，先端渐尖，尖头钝，基部宽楔形至近圆形，离基三出脉，上面无毛，下面幼时明显被白色丝状短柔毛最后变无毛；圆锥花序多花密集，腋生及顶生，腋生者短小，下部具分枝或近总状，顶生者十分伸长，分枝向上渐缩短，为具短梗或无梗的2～11花的伞形花序所组成；花黄绿色，花梗长2～4mm	聚花桂	*Cinnamomum contractum* H. W. Li
39. 叶非卵形或宽卵形，下面毛被老时仍多不脱落		
40. 圆锥花序腋生及顶生，自基部多分枝，分枝伸长，各级序轴多少呈四棱状压扁；叶长圆形至披针状长圆形，长7～17（22）cm，宽2～4.5（6）cm	滇南桂	*Cinnamomum austroyunnanense* H. W. Li
40. 花序腋生，具梗，总梗长或纤细，序轴不呈四棱状压扁；叶披针形、长圆状披针形或椭圆形，通常较宽而短		
41. 叶椭圆形，老叶长14～16cm，宽6～7.5cm，比嫩叶大两倍，先端急尖，尖头长5～10mm，基部钝；叶下面和花序被贴伏而短的灰白色柔毛；圆锥花序伸长，长9～13cm，三次分枝，十分开张	华南桂	*Cinnamomum austrosinense* H. T. Chang
41. 叶披针形或长圆状披针形，长11cm以下，宽4cm以下；叶下面和花序被浅褐色或银色绢毛或绢状短绒毛；圆锥花序均较短，长9cm以下，二次分枝，不十分开张		
42. 叶披针形或长圆状披针形，长5～10cm，宽1.5～2.5cm，先端明显镰状渐尖，幼时两面有银白色绢毛，老时上面无毛下面密被浅褐色绢毛或两面变无毛，叶柄长5～12mm，幼时密被银色绢毛；花序聚伞状，长约3cm，单一或簇生，3～5花，被银色绢毛；花绿白色，长3～4mm，花梗长5mm	辣汁树	*Cinnamomum tsangii* Merr.
42. 叶披针形，长6～11cm，宽2.5～4cm，先端渐尖，上面绿色而无毛，下面苍白色，幼时密被贴生银色绢状短绒毛，老时毛被渐脱落，叶柄长1～1.5cm，无毛；花序圆锥状，长4～7（9）cm，单一，具5～12花，被细短柔毛；花白色，长约5mm，花梗长4～8mm	银叶桂	*Cinnamomum mairei* Levl.
36. 植株各部毛被污黄、黄褐至锈色，为短柔毛或短绒毛至柔毛		
43. 叶革质至硬革质，椭圆状卵形或长圆形，较大，老叶长在10cm以上，宽5cm以上		
44. 叶下面横脉平行且明显突起		
45. 叶椭圆形或椭圆状卵形，长11～22cm，宽5～6.5cm，先端尾尖，基部近圆形，近离基三出脉，叶柄长1～1.2cm；圆锥花序长10～15cm，与叶下面及叶柄被黄褐色绒毛	爪哇肉桂	*Cinnamomum javanicum* Bl.
45. 叶椭圆形，长4.5～11cm，宽1.5～4cm，先端骤然短渐尖，基部楔形至近圆形，离基三出脉，叶柄长4～5（8）mm；圆锥花序长4～6.5cm，与叶下面及叶柄被污黄色硬毛状柔毛	毛桂	*Cinnamomum appelianum* Schewe

（续）

形态描述	组/种中文名	组/种拉丁名
44. 叶下面横脉不明显，叶片长圆形至近披针形，长8~16（34）cm，宽4~5.5（9.5）cm，先端稍急尖，基部急尖，中脉和侧脉在上面凹陷，叶下面和花序有黄色短绒毛；花序与叶等长；栽培植物，枝、叶、树皮干时有浓烈的肉桂香气	肉桂	*Cinnamomum cassia* Presl
43. 叶革质，椭圆形，卵状椭圆形至披针形，较小，老叶通常长在10cm以下，宽在5cm以下；枝、叶下面及花序被黄色平伏绢状短柔毛，叶下面毛被渐脱落而变稀薄，侧脉脉腋有时下面呈不明显囊状而上面略为泡状隆起。	香桂	*Cinnamomum subavenium* Miq.

2.1.2　樟属植物化学型研究与利用

化学型（chemotype）是指同一物种、亚种或变种下的一种分类方式，它们之间次生代谢产物存在较大的差异，但其形态上并无区别，其本质是植物分化的生理过程，是植物种内生物多样性的一种表现。化学型的主要类型有挥发油类、香豆素类、黄酮类、生物碱类。化学型是芳香族植物中普遍存在的分化类型，属于植物变异的一种独特表现，它与表型、生态型都是植物生物多样性的体现形式。萜类化学型在樟科、桃金娘科、芸香科和唇形科等植物中普遍存在。樟属植物多富含挥发油，可根据挥发油主成分将其划分为不同类型，从而通过不同化学型间比较得出化学成分及含量等演化趋势。樟属植物挥发性精油（芳香油）主要组成成分是萜类化合物，主成分明显且含量高，大多数樟属植物存在种内分化，形成多种不同的化学型。

同一个种内具有几个不同的化学型是樟属植物各个种的共性和普遍现象，也是樟属植物生物多样性的独特表现形式。樟树叶精油主成分不同，主要划分为6个化学型，即芳樟醇型、樟脑型、龙脑型、柠檬醛型、1.8-桉叶油素型和异橙花叔醇型。牛樟精油主要划分为4种化学型，即芳樟醇型、桉叶油素型、异橙花叔醇型和肉豆蔻醛型。油樟有左旋芳樟醇型、樟脑型、桉叶油素型、龙脑型、甲基丁香酚型等7个化学型。黄樟也有多个化学型，如芳樟醇型、樟脑型、桉叶油素型、黄樟油素型和柠檬醛型等。银木除了已报道的樟脑型和甲基异丁香酚型2种化学型外，我们还发现了桉叶油素型、芳樟醇型和反式橙花叔醇型和柠檬醛型。阴香有1,8-桉叶油素型、D-龙脑和P-伞花烃3个化学型。猴樟有柠檬醛型、芳樟醇型、甲基丁香酚型、樟脑型和桉叶油素型5个化学型。柴桂有芳樟醇、柠檬醛、丁香酚、石

竹烯、甲基丁香酚、苯甲酸苄酯6种化学型。细毛樟具有9种化学型，是樟属植物中化学型最多的树种，特别是榄香素型、金合欢醇型和香叶醇型在香料植物中很少见，具有重要经济价值。此外，不同物种也可能存在相同化学型，如樟、黄樟、油樟和猴樟都存在芳樟醇化学型，樟、油樟、猴樟和细毛樟均存在桉叶油素化学型，樟、黄樟、猴樟和细毛樟均存在柠檬醛化学型，樟和黄樟均具有龙脑化学型。

由于主成分不同，不同化学型精油在医药、化学以及香料等工业中的应用不同。我国是世界上樟属植物精油产量最多的国家，在我国香精香料出口中占有重要地位。目前樟属精油资源开发利用较好的物种有樟树、油樟和黄樟等，主要包括天然芳樟醇、樟脑、龙脑，黄樟中的左旋芳樟醇及油樟中的桉叶油素等天然精油产品。其中天然芳樟醇在全世界每年使用量最多的25种香料中一直名列前茅，是香水、日化产品、皂用香精、食用香精配方中使用频率最高的香料，此外，天然芳樟醇可以用于合成乙酸芳樟酯、维生素A、B、C、D、E、K、β-胡萝卜素、角鲨烯和一些重要药物（如抗癌药物西松内酯等）。樟脑、龙脑可用于医药领域，制造维生素、樟脑酊等。天然龙脑作为传统中药具有开窍醒神、清热止痛的功效，在预防心血管疾病、保护中枢神经、抗炎症、镇痛、美容养生及促进其他药物吸收等方面具有药理作用。随着国内外香精香料市场的日趋发展，对于我国芳香油类资源丰富的樟属植物而言，其精油资源开发利用前景广阔。

中国樟属植物的大多数种类都具有再生和萌发力强的特点，并因树种而异表现出不同的特性，是很理想的再生资源。多数种砍伐（采收枝叶）后，萌发生长1～2年或2～3年又可采收加工。这些树种有生产樟脑、樟油的樟、黄樟、毛叶樟等，有生产黄樟素的少花桂、狭叶桂等。不少树种的根部还可分蘖新株，如黄樟、毛叶樟、云南樟、樟、细毛樟等。以上这些树种只要还有完好而不受很大损害的树干或树桩，它们就可萌发生长以及开花结实。有些被烧过树种的树桩上都能萌生，如坚叶樟、细毛樟等。柴桂、香桂、土肉桂、肉桂、锡兰肉桂等树种剥皮利用后，它们的根茎处尚可长出新株。因此樟属植物的这些特点很有利于再生产和种质资源的保护，然而必须合理采收（伐），才能达到持续利用自然资源的目的。

樟树为樟属植物的代表树种，多分布于我国长江以南地区，是珍贵的芳香油类经济林树种。我国樟树精油产量约占世界产量的80%。樟树叶精油主要成分为单萜

类化合物，芳樟醇含量一般为 58%～92%，龙脑含量可达 67%～82%，樟脑含量为 54%～97%、桉叶油素含量为 32%～52%，异橙花叔醇含量为 16%～57%。与其他草本芳香植物资源相比，樟树具有精油含量高、适应性广、耐瘠薄、枝叶萌发能力强、生物量大、一次栽培多年收益等诸多优点，是提取天然芳香精油的理想植物材料之一。在我国南方主要以矮林作业的方式种植樟树，便于大面积机械化生产，经过规范化栽培管理，樟树叶精油产量提高达 225～254kg/hm^2。龙脑型樟树在自然资源中的分布约为 1%，较为珍稀，后经广泛的繁育与栽培，目前已成为我国天然龙脑的重要原料林树种，是樟属植物精油开发利用最为成功的物种之一。但随着人们对天然精油的需求增多，樟树精油仍然供不应求。

樟属植物起源古老，分布广泛，种间亲缘关系紧密，目前广泛栽培的樟、猴樟、云南樟、油樟、黄樟、银木等，由于形态特征极其相似，种类鉴别难以把握，因此在民间统称为香樟或樟木。现代樟属植物的分类系统主要是基于该类植物的花序形态（主要为假伞形花序和圆锥花序的对立）和花部形态学特征（花基数、药室数目、苞片脱落否、花被片宿存或脱落）而建立的族级或属级的系统演化关系。樟属植物一般为高大乔木，其花器官小且不显著，采集十分困难；且幼龄期无花序，基本无法鉴定。其次，种内存在化学多样性，不同化学型同样难以辨别，这些问题严重阻碍了对其现有和潜在植物种类的开发和利用，以及对该类群中处于濒危状态的树种实施有效的保护。传统的植物鉴定手段往往需要鉴定对象有较完整的花、果、叶等形态学特征，同时需要操作者具备丰富的植物分类学知识和经验，并且在一定程度上依赖分类人员的主观判断能力，从而影响其鉴定的准确性。除此之外，形态特征不能很好地解决近缘物种相似性的问题，又容易受地理环境、生物群落等诸多因素的影响。因此，利用分子生物学手段寻求分子证据是解决樟属植物物种鉴定和系统分类学研究的必然选择。

2.2 樟属植物已知品种授权情况

2004 年 10 月 14 日，国家林业局将樟属列入第四批林业植物新品种保护名录，这意味着在我国销售期还未超过一年的樟属植物新品种均可向国家林业局植物新品种保护办公室提出新品种权保护的申请。挂靠在江西省林业科学院的国家林草植物新品种

南昌测试站于2023年通过了国家林业和草原局的组织验收，正式开展新品种的测试工作。至2023年12月底，申请樟属植物品种权保护的有28件（图2-1），已经获得授权的有18件（图2-2）。

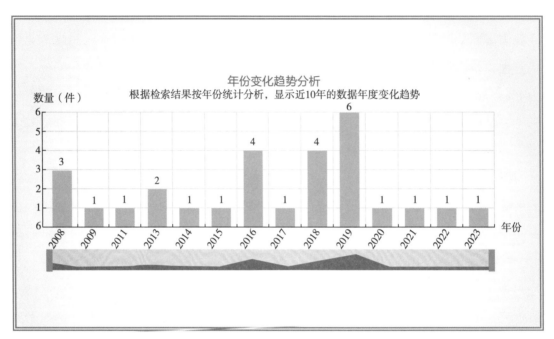

图2-1　樟属植物新品种申请情况

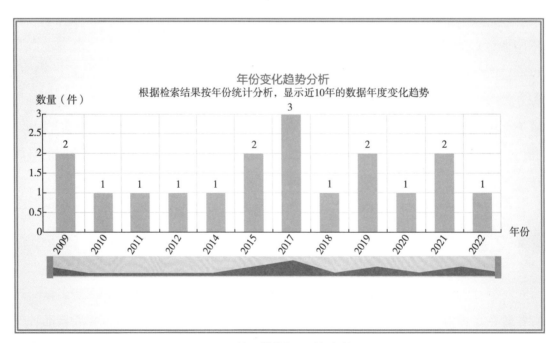

图2-2　樟属植物新品种授权情况

2.3　樟属植物新品种DUS测试指南基本概况

2020年，由中国林业科学研究院亚热带林业研究所主持研制的林业行业标准《植物新品种特异性、一致性和稳定性测试指南 樟属》（LY/T 3121—2019）通过了审查并发布实施，成为我国樟属植物DUS测试的技术依据。

2.3.1　樟属植物新品种DUS测试指南的主要内容

樟属植物DUS测试指南包含以下部分：前言；范围；规范性引用文件；术语和定义；DUS测试技术要求；特异性、一致性和稳定性评价；品种分组；性状特征和相关符号说明；技术问卷。

2.3.2　测试性状的组成

2.3.2.1　分组性状

适用于品种分组的性状，是那些根据经验知道在一个品种内保持不变或者变异很小的性状，其表达形式在所有已知品种，包括选定的标准品种和参加测试的申请品种及其近似品种中分布得相当均匀，如樟属植物的测试指南，把嫩枝基环颜色（黄、绿、红、紫）、嫩叶颜色（黄、绿、红、紫红）、叶脉类型（三出脉、离基三出脉、羽状脉）作为樟属植物测试的3个分组性状。

2.3.2.2　形态性状

综合考虑樟属植物描述性状的变异规律和稳定性、相关性，结合国际植物新品种保护联盟（UPOV）有关植物新品种DUS测试指南的指导性文件和我国的测试指南总则要求，筛选出39个性状，划分了112个表达状态，列入樟属植物新品种DUS测试指南性状特征表（表2-2）。其中，质量性状（QL）13个、数量性状（QN）14个、假质量性状（PQ）12个；带"*"号性状20个，带"*"号性状为UPOV用于统一品种描述所需要的重要性状，除非受环境条件限制而使性状的表达状态无法测试，所有UPOV成员都应使用这些性状。就性状类别而言，考虑到该类植物的叶和花的性状多样性丰富，选取叶的性状13个、花序性状7个、叶片精油性状6个、枝的性状5个、果的性状6个、植株1个、种子1个。

表2-2　樟属植物新品种DUS测试指南性状特征

序号	性状特征	性状类型	性状性质
1	植株：冠形	PQ	*
2	枝：嫩枝颜色	PQ	*
3	枝：嫩枝基环	QL	* +
4	枝：嫩枝基环颜色	PQ	*
5	枝：老枝颜色	PQ	*
6	枝：绒毛	QL	*
7	叶：嫩叶颜色	PQ	*
8	叶：着生类型	QL	* +
9	叶：着生状态	PQ	+
10	叶：叶片形状	PQ	* +
11	叶：叶缘波曲	QL	*
12	叶：叶尖形状	PQ	+
13	叶：长度	QN	
14	叶：宽度	QN	
15	叶：叶脉类型	QL	* +
16	叶：脉腺	QL	*
17	叶：三出脉离基长度	QN	
18	叶：老叶绒毛	QL	
19	叶：叶柄长度	QN	
20	花：花序形状	QL	* +
21	花：花序着生部位	QL	*
22	花：花梗被毛	QL	*
23	花：花序分枝级数	QL	* +
24	花：花序长度	QN	
25	花：末级花序花数	QN	
26	花：颜色	PQ	*
27	果：果形	PQ	*

（续）

序号	性状特征	性状类型	性状性质
28	果：果径	QN	
29	果：果穗果数	QN	
30	果：果托形状	PQ	* +
31	果：果托顶端裂口	QL	+
32	果：果皮颜色	PQ	*
33	种子：表面突起	QL	
34	叶片精油：含量	QN	
35	叶片精油：桉叶油醇含量（%）	QN	
36	叶片精油：芳樟醇含量（%）	QN	
37	叶片精油：樟脑含量（%）	QN	
38	叶片精油：龙脑含量（%）	QN	
39	叶片精油：异橙花叔醇含量（%）	QN	

注：*指星号性状，+指加号性状。

2.3.3 性状的描述

2.3.3.1 质量性状

品种性状特征表中性状特征描述已经明确给出每个性状表达状态的标准定义，为便于对性状表达状态进行描述并分析比较，每个表达状态都有一个对应的数字代码。对于质量性状描述，如樟属植物的"花序形状"性状分为"圆锥形、伞形、伞房形、总状"4个状态，相对应的代码为"1、2、3、4"，通过观察记载，若测试品种的"花序形状"状态表现与哪一个标准品种的性状相同，就用这个标准品种的代码描述测试品种。近似品种也用同样的方法描述。

2.3.3.2 数量性状

对于数量性状的描述，如樟属植物的"花：末级花序花数"性状分为"少、中、多"等三种状态，少、中对应的标准品种分别为"龙脑香、涌金"，相对应的代码为"3、5、7"，描述时，分别随机度量测试品种、近似品种和3个状态的标准品种各10个花序计算各个品种的平均数，然后用3个标准品种的平均数分别与测试品种及其近似品种的平均数相比较，用平均数最为接近的标准品种代码进行描述。

第**3**章

樟属植物新品种权
申请和测试流程

根据《林草植物新品种权申请审批规则》的要求，申请的樟属新品种只有同时具备了新颖性、特异性、一致性、稳定性和适当的命名后，才可以向国家林业和草原局植物新品种保护办公室提交新品种权保护的申请。新品办对申请品种的特异性、一致性和稳定性（DUS）组织进行实质审查。樟属植物新品种权申请、初步审查、实质审查、授予品种权流程如图3-1所示。

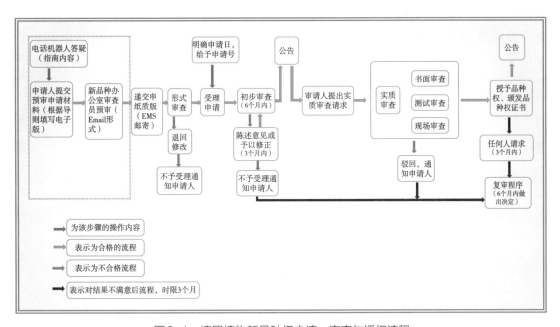

图3-1 樟属植物新品种权申请、审查与授权流程

3.1 申请文件的提交与初步审查

3.1.1 申请文件的提交

植物新品种权申请人应当向新品办提交符合规定的植物新品种权请求书、说明书、说明书摘要、照片和照片的简要说明（附表1，具体格式与表格在www.cnpvp.net网站下载）；委托代理机构申请的应有代理委托书。境外申请人应当委托代理机构进行申请，鼓励境内申请人委托代理机构进行申请（附表2）。申请人应通过林草植物新品种网上申请管理系统（http://cnpvp.flashfox.tech:7777）填写和提交电子版申请文件。

3.1.2 初步审查

新品办通过管理系统反馈初步审查意见。初步审查不合格的，通知申请人在3个

月内陈述意见或者予以修正；逾期未答复或者仍然不合格的，新品办将不予受理并通知申请人。

申请经新品办初步审查通过后，新品办将对申请文件进行固化。申请人应自初步审查通过之日起3个月内，下载并打印申请文件，经全体申请人签字盖章（申请人为个人的可以签字）后选择邮政特快专递（EMS）邮寄或面交至新品办。材料应提交一式两份。申请人逾期未向新品办提交纸质版申请文件的，视为未提出品种权申请。新品办收到纸质申请后进行形式审查。申请文件应使用中文，纸质文件应当签字（盖章）齐全、字迹清晰、无涂改、无破损、无折叠等。新品办应当自收到纸质材料起1个月内完成形式审查，对于形式审查合格的，向申请人发送品种权申请受理通知。纸质版申请文件不符合要求的，通知申请人在1个月内完成修改，修改后仍不合格的，不予受理并通知申请人。初步审查符合要求的申请，以管理系统中的最后一次提交日为申请日，按照初步审查通过的顺序明确申请号，通过系统发送电子版《受理通知书》。

3.1.3　初步审查内容

《林草植物新品种权申请审批规则》规定初步审查的内容包括以下四个方面。

3.1.3.1　申请人资格

新品种权的申请人可以是自然人，也可以是法人。对于非职务育种，完成育种的个人可以申请新品种权；对于职务育种，育种人所在的单位可以申请新品种权；对于委托育种或者合作育种，由当事人通过合同约定由谁申请新品种权，没有合同约定的，受委托完成或者共同完成育种的单位或者个人可以申请新品种权。另外，品种权的申请权也可以由双方签订协议进行转让。

我国大陆的单位和个人可以直接或者委托代理机构向保护办提出申请；我国台湾地区的申请人按照《海峡两岸知识产权保护合作协议》和《关于台湾地区申请人在大陆申请植物新品种权的暂行规定》可以申请品种权。申请人为外国人（单位）的，其所属国家应当和我国签订有相关协议或者加入了UPOV公约。

3.1.3.2　保护名录

申请品种应当属于国家林业和草原局发布的植物品种保护名录范围内培育的品种。

3.1.3.3　新颖性

申请品种繁殖材料在境内销售未超过1年、在境外销售未超过6年的品种视为具

有新颖性。新列入植物新品种保护名录的植物品种，自名录公布之日起1年内提出的品种权申请，经育种人许可，在中国境内销售该品种的繁殖材料不超过4年的，视为具有新颖性。

3.1.3.4　品种命名

品种名称应当使用两个以上简体汉字或者简体汉字加阿拉伯数字组合。相同植物属内的品种名称不得相同。已在外国获得品种权的，应使用音译中文名，将原品种名称加括号附在中文名后。品种名称不应具体描述品种特性和育种方法，不应含有比较级或最高级形容词等。未经商标权人同意，品种名称不得与注册商标的名称相同或者近似。

品种命名的其他规定，按《中华人民共和国植物新品种保护条例》和《中华人民共和国植物新品种保护条例实施细则》办理。

3.2　实质审查

新品办对申请品种的特异性、一致性和稳定性（DUS）组织进行实质审查。审查方式：①申请品种在国（境）外经过测试并已授权的，可以向国（境）外审批机构购买测试报告。②申请品种具备测试条件的，由新品办委托测试机构开展测试。③除①、②款以外的申请品种可由新品办组织进行现场审查，并出具审查报告。④鼓励申请人自主测试，对于申请时已经提交合规的DUS测试报告（审查报告）的，新品办可不再组织测试和现场审查。

实质审查不能满足DUS条件要求的，驳回申请并通知申请人，申请人有权提出复审请求。

现场审查主要包括以下几方面。

（1）现场审查依据

对申请品种有测试指南的，应使用测试指南作为审查依据。对申请品种无测试指南的，参考UPOV或其他成员国相关测试指南。鼓励有能力、有条件的单位和个人起草测试指南，报新品办批准发布后使用。必要时辅以实验室分子测试。

（2）组织现场审查

新品办从专家库中抽取相应专家组成现场审查专家组并指定专人作为审查员组织

现场审查。

审查员负责联系申请人、审查专家，确定审查时间和地点，准备相关审查文件，组织现场审查的相关事宜。

现场审查专家负责审阅申请文件，确认近似品种，按照审查依据进行审查，完成审查报告。

（3）现场审查

申请人应对现场审查专家提出的问题和质疑进行回答，提供真实、准确的信息；按照专家组建议及时修改申请文件，填写相应的补正书、变更表等，1个月内提交到新品办。

3.3 新品种权测试流程

樟属植物新品种权测试流程如图3-2所示。

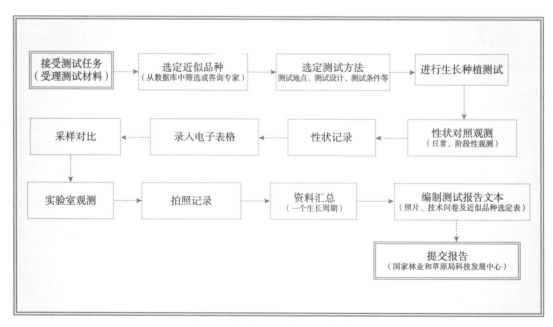

图3-2 樟属植物新品种权测试流程

3.3.1 下达测试任务

由国家林业和草原局植物新品种保护办公室（测试执法处）通知申请人送交材料

的测试机构及要求。同时新品办下达测试任务，委托并与专业测试站的法人单位签订委托测试合同，填写技术问卷（附表3），将技术交底书等资料安排送达国家林草植物新品种南昌测试站。

3.3.2　测试和材料的提交

品种权申请人在收到国家林业和草原局测试任务下达通知后，应立即按以下要求，着手准备和提交符合测试指南要求的测试材料，并同时与国家林草植物新品种南昌测试站取得联络，商定测试材料的提交方式及日期。

品种权申请人应按规定时间、地点提交符合数量和质量要求的测试品种植物材料。从非测试地国家或地区递交的材料，申请人应按照进出境和运输的相关规定提供海关、植物检疫等相关文件。提交的测试材料不应施以任何影响性状表达的额外处理。如果已经被处理，需提供处理的详细信息。

3.3.3　测试方法

3.3.3.1　测试材料

数量：10株（包括申请品种、近似品种各10株）。

品质：无可见虫害或病菌，生长正常。

包装：无论是申请人送达还是寄送，应妥善包装，设法保障苗木运输安全、苗木存活。尽量提供容器苗或带土球苗，不能提供裸根苗。

植株测试类型：测试指南规定提交的测试材料应该为通过无性繁殖的2年生以上的植株。申请品种与近似品种嫁接苗应使用一致的砧木，包括品种、苗龄、规格、质量等，并注明砧木具体名称。

提交时间：最佳时间为12月至翌年2月。

3.3.3.2　测试材料的检查和验收

测试站在接到品种申请人按约定方式提交的测试用植株（即申请品种和近似品种）时，在对植株进行健康检查后，双方当场签署《申请测试樟属品种交接单》，品种申请人和测试站双方各执一份。对于通过邮寄方式提交测试材料的申请人，可委托他人到测试站现场代为查验。

植株健康检查包括如下事项：

a.植株外观品质：植株完整，主干及主枝无折断或弯曲变形、无可见虫害或病害等；

b.植株枝条数量：植株主干上至少5个或5个以上枝条；

c.叶片：叶色、叶量正常，芽饱满；

d.根系发育情况：根系完整、色泽正常、无病态根系或根腐病。

在此过程如发现测试材料与《测试材料提交要求》相关规定不符的或存在以下问题时：

a.同一批次的植株有明显差异；

b.脱水或落叶严重；

c.枝条有严重伤痕或弯曲严重；

d.根系发育不良或烂根。

需立即告知申请人，由其重新提供优良、健壮的植株。

对于不合格的测试材料，测试站有权拒收。

测试站有权询问品种申请人有疑问品种的相关信息，品种申请人有义务做出相应答复。若送检植株在种植过程中出现死亡、不健康等影响测试工作的现象出现时，品种申请人有义务根据测试站的请求补充提供测试材料或种植技术支持。

3.3.3.3　测试设计

待测品种与标准品种或相似品种应种植在相同地点和环境条件下，设置3个重复，每重复3~4株。

如果测试需要提取植株某些部位作为样品时，样品采集不得影响测试植株整个生长周期的观测。

除非特别声明，所有的观测应针对10株植株或取自10株植株的相同部位上的材料进行。

3.3.4　近似品种的选定

测试站按照《植物新品种特异性、一致性和稳定性测试指南　樟属》（LY/T 3121—2019）品种分组说明，在查看由新品种保护办公室转交的由申请人填写的新品种申请书后，选择与申请品种性状相近似的近似品种，近似品种需与申请品种符合以下分组性状特征：

a.枝：嫩枝基环颜色（绿、红、紫）；

b.叶：嫩叶颜色（黄色、绿色、红色、紫红）；

c.叶：叶脉类型（三出脉、离基三出脉、羽状脉）。

近似品种筛选应在测试品种种植测试前进行。通过使用分组性状将已知品种进行分组，并从中选择与测试品种一起种植的近似品种以方便评估特异性。樟属测试指南涉及物种范围较大，即涉及属内1个种以上，宜从同种内同组内已知品种中选择近似品种。

同一个属（种）下，或同时选育的一个以上品种，且同时申请时，这些品种可能互为候选近似品种。如果筛选近似品种有疑问时，应遵循回避制度，通过会议、通讯或现场咨询的方式参考相关属（种）国内外专家/育种者的经验或建议，筛选确定近似品种。结合经验或种植试验及活体材料的可获得性，从候选近似品种中确定可用于种植测试的1～3个近似品种，并安排与测试品种同期同地点的田间测试。测试过程中，根据测试品种与近似品种的表现，发现近似品种选择不符合要求，或发现其他更为近似的已知品种，可重新确定近似品种。

近似品种理论上应由测试站根据申请品种的性状，挑选出最接近申请品种的品种，但考虑到苗木砧木、苗龄等一致性的问题，在实际工作过程中，近似品种先由申请人与申请品种一并提交。测试站接收材料后，根据南昌测试站开发的植物新品种DUS测试系统（http://210.22.121.250:8888/PlantDUS/）近似品种分析工具或樟属已知品种数据库记录的分组性状分析结果，判定申请人选择的近似品种是否符合要求，然后接收符合要求的申请品种和近似品种材料。

在定植一段时间后，测试人员再根据近似品种与申请品种的生长情况，做出如下决定：

a.申请品种与近似品种各性状之间有差异，差异数量不多，测试可继续进行；

b.申请品种与近似品种各性状之间有差异，但差异数量多，应考虑从樟属测试站已知品种收集区中选取别的品种作为新的近似品种对照测试；

c.测试站自己选定的近似品种应征求测试站聘请的樟属专家组的意见。

樟属申请品种与近似品种性状特征比对判定如表3-1所示。

表 3-1　樟属申请品种与近似品种性状特征比对

性状		性状特征描述及代码	
		申请品种名称	近似品种名称
1	植株：冠形		
2	枝：嫩枝颜色		
3	枝：嫩枝基环		
4	枝：嫩枝基环颜色		
7	叶：嫩叶颜色		
8	叶：着生类型		
12	叶：叶尖形状		
15	叶：叶脉类型		
20	花：花序形状		
26	花：颜色		
30	果：果托形状		
32	果：果皮颜色		

3.3.5　DUS生长测试

3.3.5.1　测试周期

按《植物新品种特异性、一致性和稳定性测试指南　樟属》（LY/T 3121—2019）规定，至少测试一个生长周期。测试应该在待测新品种相关特征能够完整表达的条件下进行，所选取的测试材料至少应在测试地点种植2年，如在测试过程中品种主要性状表现不出来或无法观测，则需要延期进行测试。

3.3.5.2　性状观测流程

DUS生长测试各性状的观测和判定参照《植物新品种特异性、一致性和稳定性测试指南　樟属》（LY/T 3121—2019）进行。

测试站应根据申请品种的类型、习性等特性，待植株新叶完全展开时，依次按叶、嫩枝、花、茎的顺序进行性状观测，确定合适的观测时间、位置等基准参数。

樟属观测叶相关的性状较多，一些性状需要离体观测、测定，为了待测植株的完整性，观测要特别注重观测顺序，以保障测定的样品用量。叶：嫩叶颜色；叶：着生类型；叶：着生状态；叶：叶片形状；叶：叶缘波曲；叶：叶尖形状；叶：长度；

叶：宽度；叶：叶脉类型；叶：脉腺；叶：三出脉离基长度；叶：老叶绒毛；叶：叶柄长度。这些性状可以在活体观察，离体再确认。以下性状均需离体观察，观测、测定顺序为：叶片精油：含量＞叶片精油：各组分含量，测定步骤中的材料要分植株单独测定、保存。

3.3.5.3　性状观测原则

待测品种新叶完全展开时，DUS性状测试工作随即正式开始。性状的观测应选取10株外形健康的植株进行，取样观测叶片、嫩枝、花等性状的位置应一致，以确保所测数据的可靠性，若是数量性状的，应逐一进行对照记录；质量性状的当即进行判定，以备将来复核。所有数据的判定将按照《植物新品种特异性、一致性和稳定性测试指南　樟属》（LY/T 3121—2019）进行。

3.3.5.4　同类性状特征的测试

（1）目测的典型性枝、叶、花、果等性状

①枝：选取测试植株树冠中上部南、北两个方向正常发育枝（每株观测5～6个枝条）作为枝条性状的测试材料。嫩枝指当年抽生半木质化枝。观测部位为枝条中部。

②叶：选取测试植株的树冠外围中上部当年生完全展开的叶片（每株观测3～4个枝条，每个枝条分别观测枝中部3～4片叶）作为叶片性状的测试材料。嫩叶指春季抽发的未成熟叶，老叶指成熟叶。

③花：选择植株中部发育完全的花序作为测试材料，观测花序数不低于5个。

④果：选择树冠外围中上部的成熟果（果序）作为观测对象，观测果序数不低于5个，果实数量不少于15个。

（2）长度性状

不加特别说明时，均为在纵向上从基部沿表面量至顶端，测量精度为分级单位的下一位。

（3）颜色性状

颜色性状的观测应对所采集样品以英国皇家园艺学会（RHS）出版的比色卡（RHS colour chart）为标准。

（4）精油及其主要成分含量

以待测品种与同龄标准品种植株的树冠外围中上部当年生完全成熟（9～10月叶片发育时间150天以上）的叶片作为测定材料，叶片鲜样不低于1kg。叶片样品用塑料

袋密封包装，并在2天内完成精油提取与主成分含量分析。

精油提取方法：密闭循环式水蒸气蒸馏法。

桉叶油素、芳樟醇、樟脑、龙脑、异橙花叔醇等精油成分含量测定采用气－质联用法。

3.3.5.5 特异性、一致性和稳定性评价

（1）**特异性**

如果性状的差异满足差异恒定和差异显著，视为具有特异性。

①差异恒定

如果待测新品种与相似品种间差异非常清楚，只需要一个生长周期的测试。在某些情况下因环境因素的影响，使待测新品种与相似品种间差异不清楚时，则至少需要两个或两个以上种植点和两个或两个以上的生长周期测试。

②差异显著

质量性状：待测新品种与相似品种只要有一个性状有差异，则可判定该品种具备特异性。

数量性状：待测新品种与相似品种至少有两个性状有差异，或者一个性状的两个代码的差异，则可判定该品种具备特异性。

假性质量性状：待测新品种与相似品种至少有两个性状有差异，或者一个性状的两个不连贯代码的差异，则可判定该品种具备特异性。

（2）**一致性**

一致性判断采用异型株法。根据1%群体标准和95%可靠性概率，10株观测植株中异型株的最大允许值为1。

（3）**稳定性**

申请品种在测试中符合特异性和一致性要求，可认为该品种具备稳定性。

特殊情况或存在疑问时，需要通过再次测试一个生长周期，或者申请人提供新的测试材料，测试其是否与先前提供的测试材料表达出相同的特征。

3.3.6 数据录入

3.3.6.1 性状原始记录

进入性状观测期时，应选取10株健康植株进行观测，并书面记录性状测量数据

（附表4），做好纸质文档的保存工作，以便复核之用。

3.3.6.2　电子数据录入

在书面记录完成之后，应将各项数据汇总，计算出平均值后录入对应的电子表格或由南昌测试站开发的植物新品种DUS测试系统中，以备份保存，并为所收集品种数据库建设提供原始材料（图3-3）。

图3-3　植物新品种DUS测试系统主页

3.3.7　数据对照归纳

在完成书面记录和电子数据录入后，即对各性状记录数据进行归纳、比照，确保观测与记录无误。

从数据上筛选出具有差异性的性状，最终复核并确定。

3.3.8　制作测试报告

根据测试数据筛选出的有明显差距的性状；比较、复核，最终确定差异性性状及数值；根据测试报告样本，逐项填写测试报告内容；将测试过程中已拍摄的差异性性状照片汇入测试报告；将申请人填写的技术问卷汇入测试报告中；

测试报告分别由测试员、测试站技术负责人签字盖公章后，交专业图文公司统一装订，测试报告采用热熔封装订；

制作纸质测试报告一式四份，三份用快递寄送新品办，一份留测试站存档保存。

3.3.9 对于疑义品种的处理

测试员如在测试过程中发现申请品种不满足特异性、一致性和稳定性的要求或申请品种为芽变品种，与其母本比较时同样存在较大差异时，应立即向测试站主管汇报，一起到现场再次对申请品种进行审查；

邀请品种申请人到现场确认；

邀请樟属测试站聘请的樟属专家组成员到现场确认；

将最终结果向国家林业和草原局新品种保护办公室汇报。

3.4 授权

经审查符合授权条件的申请，新品办提出授权建议，报国家林业和草原局审批授权。

国家林业和草原局发布授权公告后，新品办向品种权人颁发《植物新品种权证书》。对符合授权条件的品种权申请，将品种名称、申请号、申请日、所属的属（种）、培育人、申请人以及确定的品种权人、品种权号、测试报告和审查报告等项录入电子档案数据库。《植物新品种权证书》加盖国家林业和草原局公章。证书上包含：证书号、品种名称、申请日、所属的属（种）、品种权人、品种权号、培育人、品种权有效期限和生效日期等内容。

附表1

植物新品种权请求书

请按照本表背面"注意事项"正确填写本表各栏

		此框内容由国家林业和草原局植物新品种保护办公室填写	
5 品种暂定名称		1 申 请 日	
		2 申 请 号	
6 品种所属的属或者种的中文和拉丁文		3 分案提交日	
		4 分案申请号	

7 申请人	①姓名或名称：		国籍或所在地国家：
	地址：		邮政编码：
	联系人：	电话：	邮箱：
	②姓名或名称：		国籍或所在地国家：
	地址：		邮政编码：
	③姓名或名称：		国籍或所在地国家：
	地址：		邮政编码：

8 培育人：					
9 品种的主要培育地		省（区、市）	地区（市）		县
品种的培育起止日期　年　　月　　日　——　年　　月　　日					

10 代理机构	名称		
	代理人姓名		证书号
	邮政编码：	电话：	邮箱：
	地址		

9701-1

11 品种暂定名称				
12 要求优先权声明		在先申请国别	在先申请日	在先申请号	13 品种新颖性	□ 没有销售
					□ 已被销售 中国首次销售日期：　　　　　　　年 月 日 销售地点： 其他国家或地区 首次销售日期：　　　　　　　年 月 日 销售地点：

14 有无可供现场考察的植株	□ 有，_____株，_____年生　　　　　　　　□ 无

15 申请文件清单	（1）请求书　　2份　每份　页 （2）说明书　　2份　每份　页 　　说明书摘要　2份　每份　页 　　技术问卷　2份　每份　页 （3）照片　　　2份　每份　页 　　照片的简要说明2份　每份　页	16 附加文件清单	□ 申请代理委托书 □ 在先申请文件副本 □ □
		17 保密请求	□ 本品种涉及国家安全或者重大利益，请求保密处理

18 申请人或代理机构签章	19 国家林业和草原局植物新品种保护办公室

9701–2

说 明 书

1 品种暂定名称
2 品种所属的属或者种的中文和拉丁文
3 品种与国内外同类品种对比的背景材料说明
4 品种培育过程和方法（包括系谱、培育过程和所使用过的亲本或者繁殖材料的说明）
5 销售情况

9702-1

6 品种特异性、一致性、稳定性的详细说明（含申请品种基本特征描述）

7 适宜种植的区域、环境以及栽培技术

8 申请人签章

日期   年   月   日

9702-2

说明书摘要

9703-1

照　片

9705-1

照片的简要说明

9706-1

培育人个人信息表

姓名		性别		民族		培育人排名	
出生年月		身份证号码					
工作单位				移动电话			
通讯地址				邮政编码			
电子信箱				固定电话			
职称、职务				从事专业			
培育的品种暂定名称							
参加本品种培育起止时间		自　　年　　月至　　年　　月					
对培育本品种主要贡献							
声明	本人以上全部内容属实，并对其真实性负责。 　　　　　　　　　　　　　　　　　　本人签名： 　　　　　　　　　　　　　　　　　　　　年　月　日						
所在单位意见						签章 年　月　日	
第一申请单位意见						签章 年　月　日	

注：本表按培育人排名顺序，每人填1份。

9701-3-1

附表2

代理委托书

兹

委托_____

地址：_____

电话：_____ 传真：_____

□ 1、代为办理品种暂定名称为_____的品种权申请以及授权前的全部有

关事宜。

□ 2、代为办理请求品种名称为_____，

　　　　品种权号为_____的品种权证书领取事宜。

□ 3、代为办理请求品种名称为_____，

　　　　品种权号为_____的品种权无效宣告事宜。

□ 4、代为办理请求品种名称为_____，

　　　　品种权号为_____的品种更名事宜。

□ 5、代为办理_____

_____有关事宜。

代理机构接受上述委托并指定代理人_____

办理此项委托 。

委托人（单位或个人）：法定代表人或个人_____（签字）

　　　　　　　　　　　　　　　　　　　　　　　（中国的单位需加盖公章）

　　　　　　　　　　　　　　法定代表人或个人_____（打印）

　　　　　　　　　　　　　　职务_____（打印）

　　　　　　　　　　　　　　单位名称_____（打印）

　　　　　　　　　　　　　　单位或个人地址_____（打印）

　　　　　　　　　　　　　　电话_____（打印）

被委托人（代理机构）：

　　　　　　　　　　　　　　_____（法定代表人签字并盖单位章）

　　　　　　　　　　　　　　　　　　　　年　月　日

附表3

技术问卷

1. 申请注册的品种名称（请注明中文名和学名）：							
2. 申请人信息							
申请人：				共同申请人：			
地址：							
邮政编码：		电话：		传真：		电子邮箱：	
3. 品种起源							
品种发现者：		发现日期：		育种者：		育种时间：	
杂交选育：♀（母本）			×	♂（父本）：			
实生选育：♀（母本）							
其他育种途径：							
选育过程摘要：							

4. 主要特征（第1栏括弧中的数字为附录A表A.1中性状序号，请在相符合的性状特征代码后的[ ]中划"√"）

4.1（1）	植株：冠形	1 圆球形[ ]	9 圆锥形[ ]		
4.2（2）	枝：嫩枝颜色	3 黄[ ]	5 绿[ ]	7 红[ ]	9 紫红[ ]
4.3（3）	枝：嫩枝基环	1 无[ ]	9 有[ ]		
4.4（4）	枝：嫩枝基环颜色	3 绿[ ]	5 红[ ]	7 紫红[ ]	
4.5（7）	叶：嫩叶颜色	3 红[ ]	5 绿[ ]	红[ ]	3 紫红[ ]
4.6（8）	叶：着生类型	1 互生[ ]	2 近对生[ ]		
4.7（12）	叶：叶尖形状	1 渐尖[ ]	3 短尖[ ]	5 尾尖[ ]	
4.8（15）	叶：叶脉类型	1 三出脉[ ]	2 离基三出脉[ ]	3 羽状脉[ ]	
4.9（20）	花：花序形状	1 圆锥[ ]	2 总状[ ]	3 伞形[ ]	
4.10（26）	花：颜色	1 白[ ]	3 嫩黄[ ]		
4.11（30）	果：果托形状	1 倒锥形[ ]	2 广口倒锥形[ ]		
4.12（32）	果：果皮颜色	1 紫红色[ ]	2 黑色[ ]		

5. 相似品种比较信息 与该品种相似的品种名称：   与相似品种的典型差异：
6. 品种性状综述（按照表 A.1 性状特征表的内容详细描述）
7. 附加信息（能够区分品种的性状特征等） 7.1 抗逆性和适应性（抗旱、抗寒、耐涝、抗盐碱、抗病虫害等特性）：   7.2 繁殖要点：   7.3 栽培管理要点：   7.4 其他信息：
8. 测试要求（该品种测试所需特殊条件等）
9. 有助于辨别申请品种的其他信息

注：上述表格各条款预留空格不足时可另附 A4 纸补充说明。

申请者签名：＿＿＿＿＿＿＿＿＿＿＿＿＿＿＿＿＿＿＿＿　　　日期：　　　年　　　月　　　日

附表4

樟属植物新品种测量性状记录表一

小区号：　　　　　　地点：　　　　　　年份：　　　　　　记录人：

株号	性状名称：植株高度			性状名称：叶：大小			性状名称：叶：三出脉离基长度		
	日期： 测量工具：塔尺			日期： 测量工具：直尺			日期： 测量工具：直尺		
	申请品种	近似品种	标准品种	申请品种	近似品种	标准品种	申请品种	近似品种	标准品种
1									
2									
3									
4									
5									
6									
7									
8									
9									
10									
11									
12									
13									
14									
15									
平均数									
代码									

樟属植物新品种测量性状记录表二

小区号： 地点： 年份： 记录人：

株号	性状名称：叶：叶柄长度 日期： 测量工具：直尺			性状名称：花：花序长度 日期： 测量工具：直尺			性状名称：花：末级花序花数 日期： 测量工具：		
	申请品种	近似品种	标准品种	申请品种	近似品种	标准品种	申请品种	近似品种	标准品种
1									
2									
3									
4									
5									
6									
7									
8									
9									
10									
11									
12									
13									
14									
15									
平均数									
代码									

樟属植物新品种测量性状记录表三

小区号：　　　　　地点：　　　　　年份：　　　　　记录人：

株号	性状名称：果：果径 日期： 测量工具：直尺			性状名称：果：果穗果数 日期： 测量工具：			性状名称：叶片精油：含量 日期： 测量工具：		
	申请品种	近似品种	标准品种	申请品种	近似品种	标准品种	申请品种	近似品种	标准品种
1									
2									
3									
4									
5									
6									
7									
8									
9									
10									
11									
12									
13									
14									
15									
平均数									
代码									

樟属植物新品种目测性状记录表一

小区号：　　　　地点：　　　　年份：　　　　记录人：

测试性状 ＼ 株号	1	2	3	4	5	6	7	8	9	申请品种		近似品种		判定日期
										性状特征描述	代码数据	性状特征描述	代码数据	
1 植株：冠形														
2 枝：嫩枝颜色														
3 枝：嫩枝基环														
6 枝：绒毛														
8 叶：着生类型														
9 叶：着生状态														
10 叶：叶片形状														
11 叶：叶缘波曲														
12 叶：叶尖形状														
15 叶：叶脉类型														
16 叶：腺脉														
18 叶：老叶绒毛														

樟属植物新品种目测性状记录表二

小区号：　　　　地点：　　　　年份：　　　　记录人：

测试性状 ╲ 株号	1	2	3	4	5	6	7	8	9	申请品种		近似品种		判定日期
										性状特征描述	代码数据	性状特征描述	代码数据	
20 花：花序形状														
21 花：花序着生部位														
22 花：花梗被毛														
23 花：花序分枝级数														
25 花：末级花序花数														
27 果：果形														
29 果：果穗果数														
30 果：果托形状														
31 果：果托顶端裂口														
33 种子：表面凸起														

第4章

樟属植物DUS测试栽培管理

植物新品种测试是对申请保护的植物新品种进行特异性（Distinctness）、一致性（Uniformity）和稳定性（Stability）的栽培鉴定试验或室内分析测试的过程，简称DUS测试。根据特异性、一致性和稳定性的试验结果，判定测试品种是否属于新品种，为植物新品种保护提供可靠的判定依据。樟属植物新品种DUS的测试方法仍然采用田间种植鉴定，是将申请品种与近似品种在相同的生长条件下，从植物的幼苗期、开花期、成熟期等各个阶段对多个质量性状、数量性状及抗病性等作出观察记载，并与近似品种进行结果比较。按《植物新品种特异性、一致性和稳定性测试指南 樟属》（LY/T 3121—2019）规定，至少测试一个生长周期。测试应该在待测新品种相关特征能够完整表达的条件下进行，所选取的测试材料至少应在测试地点种植2年，如在测试过程中品种主要性状表现不出来或无法观测，则需要延期进行测试。一般要经过2年以上的重复观察，才能最后作出合理、客观的评价。

樟（*Cinnamomum camphora*）是樟科樟属常绿大乔木，高可达30m，主要分布于中国长江以南各地、日本南部以及东南亚等地。樟是我国南方地区重要的珍贵用材和园林绿化树种，同时，因其枝叶富含精油，又是樟脑等香料的重要来源树种，在林业、轻工业、医药等行业均具有广泛应用。扦插繁殖具有能保持母本优良性状、操作简单、经济易行等多个优点，研究发现，扦插繁殖的子代芳樟无性系在叶片精油含量及主要化学成分组成等方面都较好保持母本的遗传特性，是繁育芳樟优良单株的重要手段。目前，芳樟扦插繁殖技术的研究主要集中在对幼苗或幼树不同部位采集的穗条、生根剂种类和浓度、扦插基质、扦插季节等条件的优化研究，对成年大树扦插条件的优化研究鲜有报道。樟幼树采集的嫩枝穗条扦插容易生根，生根率多数可达80%以上。但樟大树由于个体发育老化，无性繁殖能力较差，生根率普遍在10%～20%的较低水平。

扦插繁殖是保存木本植物优良种质和产业化生产的重要途径。多种树种扦插繁殖结果表明，随着个体发育年龄的增加，扦插繁殖能力逐渐下降，越是成年大树，插穗的生根能力越低。然而在生产实践中，人们发现表现优良的林木种质多为野生大树，如何克服林木大树扦插繁殖过程的"成熟效应"，提高其生根率，是林木优良资源保存和利用必须解决的重要技术难题。有研究报道，利用根部与树干基部萌生的枝条扦插，可明显提高生根率，但野生优良种质多数不具备基部萌生枝条，且出于资源保护利用原则，不能破坏其基部以促进新枝萌生。通过合理使用生长调节剂可以促进难生

根树种或个体生根。DUS测试栽培与商品化栽培有所不同，本章主要以樟为例简述近似品种、标准品种和保存的已知品种资源，包括大树资源的扦插、栽培及管理技术。

4.1 扦插育苗技术

4.1.1 大田扦插育苗

4.1.1.1 圃地选择

宜选择地势平坦，靠近水源，排灌便利，土壤肥沃，交通方便的沙壤土、壤土，土壤pH值为5.0～6.8。

4.1.1.2 土壤管理

（1）整地与作床

圃地翻土深度不小于40cm，按床宽1m，床高25～30cm，步道宽25cm的规格作床，细碎土块，平整床面。

（2）土壤消毒

扦插前7天左右，用多菌灵40%粉剂0.5%溶液或硫酸亚铁2%～3%倍液等喷洒表层土进行消毒，再用透明地膜将床面覆盖，四周用土将地膜盖严实。

4.1.1.3 喷灌设施

扦插前，有条件的地方宜安装能覆盖整个圃地的喷灌设施，不具备安装喷灌设施的地方，要确保浇水便利。

4.1.1.4 阴棚搭建

扦插前，宜用透光度30%～40%的遮阴网搭建阴棚，阴棚高度1.5m左右。

4.1.1.5 穗条采集及处理

（1）采集时间

一年采集2次，5～6月采夏插穗条，9～10月采秋插穗条，以夏插穗条为主。

（2）穗条来源及质量要求

幼树穗条选择半木质化带饱满腋芽的健壮穗条。成年大树选取没有病虫害、生长健壮、芽体饱满的当年生木质化阳生枝条，置于清水中等待扦插处理。

（3）插穗制备和处理

插穗修剪为长度8～10cm，插穗上应保留2～3个腋芽，在距芽约0.5cm处平滑修剪插穗，保留上切口芽的1～2片完整叶片（图4-1）。对于幼树，插穗修剪后，宜用100～250mg/L浓度的植物生根剂ABT浸泡2h，再用多菌灵40%粉剂0.5%溶液浸泡插穗10min左右，植物生长调节剂和消毒液浸泡深度为穗条基部2cm左右。对于成年大树，采用2500mg/L IBA浸泡6min处理。

图4-1　插穗

4.1.1.6　扦插

（1）密度

40000～50000株/亩*，扦插株行距10cm×20cm。

（2）方法

插穗长的1/2～2/3插入基质中。插后分2～3次浇透水，用透明0.06mm厚的农用薄膜搭建中间高80cm的拱形棚。

4.1.2　容器扦插育苗

4.1.2.1　圃地选择

选择交通方便，地势平坦，背风向阳，排水良好，有灌溉水源的地方做圃地。

---

* 1亩 ≈ 0.067hm^2

4.1.2.2 床面整理

宜采用架高苗床，苗床高度＞15cm，保持苗床通风。

4.1.2.3 育苗基质

黄心土或经充分腐熟的树皮、木屑、秸秆、谷壳等农林废弃物制成的基质。基质应进行严格的消毒，常用消毒方法为每立方米用2%～3%硫酸亚铁20～30kg，翻拌均匀后，用不透气的材料覆盖24h以上，或翻拌均匀后装入容器，在圃地薄膜覆盖7～10天即可。

4.1.2.4 容器选择、装填及摆放

宜用规格为（6～8）cm×10cm的无纺布袋，也可采用穴口宽度5cm以上的育苗穴盘。基质应在装填前将各种配料充分混合均匀、洒水湿润。基质应装实。将装好基质的容器整齐摆放到容器架上（图4-2）。

图4-2 穴盘扦插育苗

4.1.2.5 扦插

每个育苗袋插入一根穗条。扦插方法同大田扦插育苗（图4-3）。

图4-3　育苗袋扦插育苗

4.1.3　插后管理

4.1.3.1　水分管理

扦插成活率的高低，生根的快慢、多少、生长速度，一般取决于土壤的水分、温度、通气、树种生物学特性及土壤肥力的好坏等，尤其要保证在插穗萌芽生根期中水分的供应。扦插后喷水次数以保持叶面湿润为宜。生根后，根据土壤水分状况适时适量浇水。

4.1.3.2　覆盖物撤除

苗木生根后先撤除薄膜，夏插在当年9月撤除遮阴网，秋插在12月撤除遮阴网（图4-4）。

4.1.3.3　养分管理

夏插40天后用0.2%～0.5%尿素或0.3%左右的过磷酸钙进行追肥，7～10d施肥1次。8月下旬后，停止施用氮肥，适当施用磷肥和钾肥。

4.1.3.4　生根苗管理

插穗生根萌发后，即进入幼苗生长阶段，此后可撤除阴棚。幼苗生长管理主要注

意以下几个环节：

（1）除草

原则是除早除小除了。必须做到勤除草，以尽量减少杂草对水肥的消耗，促进苗木生长。一般至苗木树冠交叉封行时应除草4～5轮。

（2）水肥管理

保持土壤湿润但不积水，特别是7～8月高温干旱少雨时，视天气情况尽量做到土壤不干燥、板结，保持足够的湿度。勤施追肥，插穗萌发新叶4～5片后即可施追肥，以施叶面肥为主，可施用磷酸二氢钾、尿素等，视苗木生长情况补充施用植物生长微量元素肥料，浓度一般不超过0.5%，间隔期10天左右。在6月底至7月初可在行间埋施高效复合肥，每亩施用40～50kg，肥效可保持较长时间，此后可减少施叶面肥次数。

图4-4 扦插苗揭膜后生长情况

4.2 栽培种植

应根据品种权申请人申请的品种类型，按照以下原则进行定植栽种：

耐寒性较强的品种（耐短期最低温–5℃以下）：耐强光的品种露天种植于设施苗圃中；不耐强光的品种种植于搭有遮阴网的设施苗圃中，冬季防寒。

耐寒性较弱的品种（耐短期最低温–5℃以上）：种植于温室中。

4.2.1 栽植前准备

定植地点选择在地势平缓（<10°）、灌溉方便、土层深厚、疏松、肥沃、交通便利的红壤、黄壤地区。

定植前将圃地进行深翻、整平，做床，苗床宽约200cm，高约30cm。种植前2个月，用5%含量的高锰酸钾溶液对苗床进行消毒处理。

定植前挖50cm×50cm×40cm的定植穴,将表土堆放在穴的两旁,以便于回穴时将表土施回穴中;将基肥和表土混合,基肥采用1kg有机肥和250g钙镁磷肥,搅拌均匀后施于穴的下半部,并回填表土10cm,于雨前阴天定植。

安装悬挂式喷雾龙头,悬挂方向与苗床长边方向平行。

4.2.2　栽植时间与方法

选择生长健壮、无病虫害、苗木高度35cm以上、地径大于0.4cm的容器苗。栽植时间以2月初至4月底的雨前阴天为宜,栽植密度采用(1.5~2)m×(2~3)m,双侧距苗床边缘各20cm。培土高度以覆盖无纺布容器袋为宜。按照左边种植申请品种,右边种植近似品种的方式种植。

做好测试植株的标识工作。品种的标识按照待测品种统一以字母T开头按序编号排列;近似品种统一以字母S开头按序编号排列。

4.2.3　栽植后管理

定植后浇定根水。栽植后当年7~9月,对定植植株根部加遮盖物或浇水进行保湿抗旱;栽植后每年8~9月,进行中耕除草。做好施肥记录。也可根据申请人提供的相关信息进行养护,以使植株在健康状态下满足性状测试条件。

同时,还应记录浇水频率、天气、湿度等自然条件参数。如在温室栽植,应在温室内选择有代表性的2个点放置温湿度计,每天定时记录温湿度和光照强度,作为光照强度和温湿度调控的依据。最适宜的生长温度为白天25~30℃,夜间15~25℃。当大棚内温度高于32℃时,应及时采取通风、遮阴等降温措施,冬季需根据天气情况,启动加热和加湿设施(图4-5)。

图4-5　苗木栽植后生长情况

4.3　病虫害防治

预防为主，及时综合防治。种植过程中的病虫害管理，应针对实际情况，采用熏蒸、喷施农药等综合手段进行防治和控制。樟病虫害种类较多，通过调查，共发现36种病虫害，其中虫害30种，病害6种。30种虫害中，有13种属于刺吸性害虫，13种为食叶性害虫，4种为钻蛀性害虫；6种病害中有1种为生理性病害，3种病害主要危害叶片，2种病害主要危害枝条。对害虫的危害方式进行分析可知，樟树虫害中刺吸性害虫和食叶性害虫均较多，分别占总种类的44%和43%，钻蛀性害虫种类较少，仅占总种类的13%。通过分析病虫害的危害程度可知，绝大多数香樟病虫害对香樟树的危害较轻，仅有8%的病虫害危害程度重，有22%的病虫害属中度危害。樟树病虫害一年四季均有发生，发生高峰在4～10月，其中6～8月病虫害发生种类最多。

樟树病虫害的发生对植物生长及观赏效果影响很大，其中一些种类还产生破坏后果，其病虫害发生月份统计如表4-1所示。如香樟黄化病、樟颈曼盲蝽、樟巢螟等危害严重时常造成香樟的死亡。通过病虫害分析发现，樟巢螟和樟颈曼盲蝽2种虫害发生较普遍，且部分路段发生较重；红蜡蚧、刺蛾、香樟炭疽病等10种病虫害发生较普遍，对香樟生长及景观造成一定的影响；樟修尾蚜、白轮盾蚧等24种病虫害发生频率较低，或发生范围较小，对香樟生长影响较小。

表4-1　樟树病虫害种类和主要危害特征

病虫害种类	危害部位	危害方式	危害月份	发生程度	危害性
藤壶蚧	枝条	刺吸性害虫	5～7	++	诱发煤污病，导致枝条死亡
樟修尾蚜	叶片、新枝	刺吸性害虫	3～10	+	诱发煤污病
白轮盾蚧	树干、枝条、叶片	刺吸性害虫	6～10	+	造成枝条枯萎
糠片盾蚧	枝条、叶片	刺吸性害虫	4～9	+	花、枝、叶发黄呈枯萎状，诱发煤污病
樟网盾蚧	枝条、叶片	刺吸性害虫	5～9	+	引发煤污病，甚至叶片早落、枯萎
樟个木虱	叶片	刺吸性害虫	3～10	++	叶片畸形、树势衰弱
樟脊冠网蝽	叶片	刺吸性害虫	4～11	++	叶片退绿、树势衰弱
樟曼盲蝽	叶片	刺吸性害虫	4～11	+++	叶片脱落、树势衰弱

（续）

病虫害种类	危害部位	危害方式	危害月份	发生程度	危害性
黑刺粉虱	叶片	刺吸性害虫	4～11	++	引起煤污病、树势衰弱
樟网盾蚧	叶片	刺吸性害虫	5～8	+	引发煤污病
石榴小爪螨	叶片	刺吸性害虫	3～11	++	破坏叶绿体，叶片提前脱落
麻皮蝽	叶片、新枝	刺吸性害虫	3～11	+	破坏叶绿体，叶片提前脱落
透明疏广翅蜡蝉	叶片、枝条	刺吸性害虫	不详	+	影响枝条生长
樟巢螟	叶片	食叶性害虫	6～10	+++	啃食叶片，结成虫巢，影响景观
桑褐刺蛾	叶片	食叶性害虫	5～10	+	造成叶片缺刻或将叶片吃光
丽绿刺蛾	叶片	食叶性害虫	6～9	++	造成叶片缺刻或将叶片吃光
黄刺蛾	叶片	食叶性害虫	6～9	+	造成叶片缺刻或将叶片吃光
樟青凤蝶	叶片	食叶性害虫	5～10	+	造成叶片缺刻或将叶片吃光
茶褐樟蛱蝶	叶片	食叶性害虫	5～10	+	造成叶片缺刻或将叶片吃光
樟翠尺蛾	叶片	食叶性害虫	5～10	+	造成叶片缺刻或将叶片吃光
樟三角尺蛾	叶片	食叶性害虫	4～10	+	造成叶片缺刻或将叶片吃光
樗蚕蛾	叶片	食叶性害虫	6～9	+	造成叶片缺刻或将叶片吃光
茶袋蛾	叶片	食叶性害虫	6～10	+	造成叶片孔洞、缺刻或将叶片吃光
白囊袋蛾	叶片	食叶性害虫	4～10	+	造成叶片孔洞、缺刻或将叶片吃光
樟叶蜂	叶片	食叶性害虫	4～11	++	造成叶片孔洞、缺刻或将叶片吃光
樟细蛾	叶片	食叶性害虫	4～10	+	影响叶片正常生长
香樟齿喙象	主干	钻蛀性害虫	10～5	+	造成樟树死亡
小圆胸小蠹	主干、枝条	钻蛀性害虫	5～8	+	造成枝条枯萎甚至整株死亡
小线角木蠹蛾	主干	钻蛀性害虫	6～8	+	易造成树木中空、易折
樟兴透翅蛾	主干	钻蛀性害虫	3～11	+	造成树势衰弱，严重可造成死亡
香樟白粉病	叶片	叶部病害	3～5	+	引起叶片畸形甚至提前脱落
香樟黄化病	整株	生理性病害	冬季重	+++	叶片黄化，树势衰弱甚至死亡
香樟毛毡病	叶片	叶部病害	5～7	+	引起叶片变形，提前脱落
香樟溃疡病	枝条	枝干病害	5～7	+	引起枝条死亡或整株枯死
香樟煤污病	叶片、枝条	叶片病害	5～8	++	影响景观
香樟炭疽病	叶片、枝条	枝干病害	5～8	+	形成叶斑，造成叶片或枝条枯萎

常见病虫害种类、主要特征和防治方法如下。

4.3.1 樟颈曼盲蝽

以若虫和成虫，危害部位为叶片，主要在叶背吸汁为害，致使叶子两面形成褐色斑，少部分叶背有黑色的点状分泌物，造成大量落叶，严重的整个枝条叶全落光成秃枝，仅剩果。危害严重的，不再抽秋梢，冬后整株树呈黄色、生长差的甚至10月发不出新叶；危害程度中等的樟树，秋梢萌发不整齐，抽出的枝条纤细，叶片较小。严重影响寄主光合作用，导致樟树生长衰弱甚至死亡（图4-6）。

防治方法：①园林措施。增强树势，应加强肥水管理，提高抗虫力，减少落叶，降低危害。8～10月气候干旱的年份，加强肥水管理尤为重要。②天敌防治。保护天敌，樟颈曼盲蝽自然天敌较多，保护或引进螳螂、花蝽、瓢虫、草蛉等天敌，以发挥自然控制作用。③物理防治。成虫具有趋黄性，利用黄色的频率振式杀虫灯或黄色杀虫板进行诱杀。④化学防治。因世代重叠，卵体在组织内，防治不易彻底，因此重点防治应在第一、二代若虫期、成虫期，采用1.5%可湿性吡虫啉粉剂1000～1500倍；2.25%的溴氰菊酯1500倍；3.05%的苦参碱水剂800～1000倍液喷雾防治，可获得良好效果。

图4-6 樟颈曼盲蝽

4.3.2 刺蛾

刺蛾俗名洋辣子，是香樟树的主要食叶害虫之一。一年二代，以夏熟幼虫在小枝分叉处、主侧枝以及骨干粗皮上结茧越冬。翌年4～5月化蛹，5～6月成虫羽化产卵，幼虫7龄。初孵幼虫取食叶下表皮及叶肉，4龄后食全叶，严重时可将香樟叶肉吃光，

仅剩叶脉。6、8月危害最重（图4-7）。

防治方法：①人工防治。人工摘除护囊，剪除有虫枝条。②化学防治。用90%敌百虫、75%辛硫磷、80%敌敌畏、50%杀螟松1000～1500倍液喷药防治。③天敌防治。保护天敌如上海青蜂、紫姬蜂、广肩小蜂、姬蜂、赤眼蜂等，或引进后在林间释放。

图4-7　刺蛾

4.3.3　樟巢螟

樟巢螟是香樟树的主要食叶害虫之一。该虫一年二代，幼虫将数叶片黏连，吐丝缀叶结巢，在巢内食害叶片，在香樟嫩梢构成鸟窝状，严重时香樟整个树冠挂满鸟窝状虫巢，能将叶片吃光。幼虫白昼很少运动，黄昏外出取食（图4-8、图4-9）。

防治方法：①人工防治。人工摘除虫苞并废弃；夏季清除越冬虫苞。②化学防治。幼虫发作时，用90%敌百虫原液、80%敌敌畏或50%马拉硫磷乳油1000倍液喷洒，也可用农药灭蛾灵500倍液、灭幼脲2000倍液喷洒。喷药要在黄昏进行。③天敌防治。保护天敌如蟾蜍、蛙类、姬蜂、茧蜂、寄蝇等，或引进后在林间释放。

图4-8　樟巢螟虫巢　　　　　　　　　　图4-9　樟巢螟幼虫

4.3.4　红蜡蚧

主要危害叶片和枝干。成虫和若虫密集寄生在枝干上和叶片上，吮吸汁液危害。雌虫多在枝干上和叶柄上危害，雄虫多在叶柄和叶片上危害，并能诱发煤污病，致使植株长势衰退，树冠萎缩，全株发黑，严重危害可致植株枯死（图4-10）。

图4-10　红蜡蚧

防治方法：①人工防治。结合冬季修剪，可将虫口较多的枝条疏剪，结合焚烧；虫口数不多时，用手剥除；及时合理修剪，改善通风、光照条件，减轻危害。②化学防治。在若虫孵化盛期的6月中下旬，用40%杀扑磷乳油1∶1500倍液喷雾，10～15d再喷一次杀虫率可达90%以上。③生物防治。保护和利用天敌昆虫，红蜡蚧的寄生性天敌较多，常见的有红蜡蚧扁角跳小蜂、蜡蚧扁角跳小蜂、蜡蚧扁角（短尾）跳小蜂、赖食软蚧蚜小蜂等。

4.3.5　樟叶蜂

主要危害叶片。幼虫食樟树嫩叶，严重时将整株树叶吃光，造成嫩枝干枯，植株死亡，严重影响樟树的生长发育（图4-11）。

防治方法：①加强采穗圃管理，适时中耕除草，冬季翻耕消灭土中虫茧，利用幼虫群集的特性，人工捕捉幼虫。②保护利用天敌，如蜘蛛、捕食性椿象、蚂蚁及核型多角体病毒等。

图4-11　樟叶蜂

发生初期以采用蜘蛛和核多角病毒防治效果最好。③樟叶蜂危害时，可喷洒0.5亿～1.5亿倍浓度的苏云金杆菌、青虫菌和白僵菌。

4.3.6　香樟白粉病

香樟白粉病是由子囊菌中的白粉菌类所引起，多发生在苗圃幼苗上，主要危害顶梢的芽、叶片和茎。在气温高、湿度大，苗株过密，枝叶稠密，通气不良的条件下最易发生。发病时，嫩叶背面主脉附近出现灰褐色斑点，以后逐渐扩大，蔓延整个叶背，并出现一层粉白色薄膜。感病严重的苗株，嫩枝和主干上都有一层白粉覆盖，苗木受害后，表现出枯黄卷叶，生长停滞，甚至死亡（图4-12）。

防治方法：①园林措施。苗圃地不要设在空气不流通、湿度较大的山谷和山沟中，保持圃地环境卫生，适当疏苗。②人工防治。当发现少数病株时，及时将其拔除并烧毁，阻断病源扩散。③化学防治。发病时，用波美度0.3～0.5的石硫合剂，每10天喷一次，连续喷3～4次。

图4-12　香樟白粉病

4.3.7　香樟溃疡病

香樟溃疡病是由葡萄座腔菌等引起的病害。主要发生于幼树主干的中下部和大树的枝条上，可分为水泡型和枯斑型。水泡型感病植株多在皮层表面形成分散状、近圆形水泡病斑，初期较小，其后变大、充满淡褐色液体，水泡失水干瘪后变黑褐色，病斑干缩下陷；枯斑型先是树皮上出现小的水浸状稍隆起圆斑，手压有柔软感，后干缩成微陷的圆斑，黑褐色。发病后期病斑上产生黑色小点，为病原菌的分生孢子器（图4-13）。

防治方法：①园林措施。气温稳定、适宜时，清除包裹树干的薄膜等不透气的包裹物。及时清除病死株、重病株，集中烧毁，病穴施药，以减少侵染源。设立苗木检验制度，凡是绿化工程的苗木，一律要经过检验合格后才可定植。采用测土配方施肥技术，施用腐熟有机肥，适当增施磷钾肥，培育壮苗，增强植株抗病力，有利于减轻病害。移挖苗木时，尽量把根盘留大一点，根系留长一点，尽量减少移栽与定植之间的相

隔时间，以防苗木过多失水，影响成活。加强苗木管理，移栽时不要过早、过密。在病害流行期间要多施钾肥，少施氮肥，以免徒长。②化学防治。涂抹治疗：当树干出现溃疡斑时，发病轻时用刀纵横划几道（所划范围要求超出病斑病健交界处，横向1cm，纵向3cm，深度达木质部）；病重时先用刀具刮除病斑，刮至露出健康组织为止，再使用溃腐灵原液涂抹，连涂2～3次，前两次间隔1天，第3次可相对上次间隔5～7天。对濒死树使用1.8%辛菌胺醋酸盐水剂50～100倍液，或者50%甲基硫菌灵可湿性粉剂600倍液、50%喹啉铜可湿性粉剂1000～2000倍液等杀真菌剂涂刷伤口，防止病害加重。喷雾治疗：对于发病严重的株体可直接使用溃腐灵50倍液喷于主干、侧干、枝条部位，视情况喷施1～2次。对濒死树适当施用施它活、树动力等大树营养液，促进树势恢复。

图4-13 香樟溃疡病

4.3.8 香樟黄化病

香樟黄化病又称缺绿病，多为生理性病害，在香樟种植地分布广泛。发病期间，树叶会变黄变枯继而凋落。发病初期，枝梢新叶的脉间失绿黄化，但叶脉尤其主脉仍然保持绿色，叶片由绿变黄、变薄，叶面有乳白色斑点，叶脉也失去绿意，呈极淡的绿色。相继全叶发白，叶片局部坏死，叶缘焦枯，叶片凋落（图4-14）。

图4-14 香樟黄化病

防治方法：①园林措施。一方面，以预防为主，选用优良壮苗，适地适树，精心栽培管理；另一方面，可因地制宜施用酸性客土及有机肥等，改良其立地条件，改变樟树周围土壤的酸碱度，提高叶片铁的含量。在林地增添含铁丰富的红壤，施酸性化肥。②化学改良。在根系周围打孔灌注1∶30的硫酸亚铁液；树干注射混合液（硫酸亚铁15g+尿素50g+硫酸镁5g+水1000mL）；叶面喷施0.1%～0.2%硫酸亚铁溶液或黄腐酸铁、柠檬酸铁等，均有良好的复绿效果。

4.3.9　樟树炭疽病

主要危害枝干、叶片和果实。感病植株生长衰弱，枯枝、枯梢多，幼树多从顶枝梢逐渐返枯至树干基部，严重的树整株死亡。幼嫩枝干上的病斑开始时圆形或椭圆形，大小不一，初为紫褐色，渐变黑褐色，病部稍下陷，以后病斑连结融合，若绕枝条一圈，枝条上部变黑干枯，重病株病斑沿主干向下蔓延，最后整株死亡。叶片、果实上的病斑圆形，融合后呈不规则形，暗褐色至黑色，嫩叶皱缩变形，潮湿天气，在病嫩茎、病叶上常看到淡桃红色的点状物（图4-15）。

防治方法：①适地适树，选择土壤肥沃、湿润的林地造林。②提高造林质量，加强抚育管理，适当密植，使林分生长旺盛，尽快郁闭。③剪除病枝、病叶，集中烧毁。④新叶、新梢期喷1∶1∶100波尔多液600～800倍液。

图4-15　樟树炭疽病

4.3.10　樟树赤斑病

主要危害叶片。发病初期，在叶缘、叶脉处形成近圆形或不规则的橘红色病斑，边缘褐色，中央散生黑色小粒。随着病斑的扩大，叶面病斑连在一起，看上去像"半叶枯"，引起叶片提前大量脱落（图4-16）。

防治方法：①冬季将落叶、修剪的病枝枯叶集中烧毁，消灭病害越冬病原。②合理修剪，加强肥水管理，提高树木抗病能力。③春季在树木展叶期用1∶1∶160波尔多液进行预防，发病初期用多菌灵800倍液进行喷雾防治。

图4-16　樟树赤斑病

第5章

樟属植物DUS测试
性状考察和分级

按照林业行业标准《植物新品种特异性、一致性和稳定性测试指南 樟属》（LY/T 3121—2019）的要求，本章通过观测方法、性状描述表、示意图等，规定了樟属植物性状DUS测试的具体方法和分级标准，其中标准品种是用来确定相关性状的表达状态。

5.1　性状类型和符号说明

5.1.1　性状类型

*：星号性状，是指新品种审查时为协调统一性状描述而采用的重要的品种性状，进行DUS测试时应对所有"星号性状"进行测试。

+：加号性状，是指对性状特征表中进行图解说明的性状。

5.1.2　表达状态及代码

性状特征表中，性状特征描述明确给出每个性状表达状态的标准定义，为便于对性状表达状态进行描述并分析比较，每个表达状态都有一个对应的数字代码。

5.1.3　表达类型

QL：质量性状（Qualitative characteristics），植物表现不连续变异状态的性状。这些性状可以有独立而明确的意义。一般来说，质量性状不受环境的影响。

QN：数量性状（Quantitative characteristics），能以一维的、线性等级进行描述的性状，它显示性状从一个极端到另一个极端的连续变化。为了便于某一性状的描述，将描述范围分成几个表达状态。

PQ：假性质量性状（Pseuo-qualitative characteristics），性状表达至少有部分是连续的，但其变化范围是多维的，所有单个表达状态需要在性状描述范围内确定。

5.1.4　符号说明

性状观测说明中出现的符号说明见2.3.2。

MG：群体测量（Measurement for a group of plants），针对一组植株或植株部位进行单次测量得到单个记录。

MS：个体测量（Measurement for a number of single plants），针对一定数量的植株或植株部位分别进行测量得到多个记录。

VG：群体目测（Visual observation for a group of plants），针对一组植株或植株部位进行单次目测得到单个记录。

VS：个体目测（Visual observation for a number of single plants），针对一定数量的植株或植株部位分别进行目测得到多个记录。

5.2　樟属性状观测说明

5.2.1　植株：生活型（＊）

性状类别：PQ。

观测方法：VG。

观测时期：苗龄在4年以上。

观测部位：整棵植株。

测试方法：对种植小区内的申请品种在测试周期内，进行整体单次目测观察。

分级代码：

代码	性状特征描述	标准品种
1	灌木	
2	小乔木	
3	乔木	

5.2.2　植株：冠形（＊）

性状类别：PQ。

观测方法：VG。

观测时期：苗龄在4年以上。

观测部位：整棵植株。

测试方法：对种植小区内的申请品种在测试周期内，进行整体单次目测观察。

分级代码：

代码	性状特征描述	标准品种
1	圆球形	
2	圆锥形	

5.2.3 枝条：嫩枝颜色（＊）

性状类别：PQ。

观测方法：VG。

观测时期：春梢、夏梢或秋梢生长期。

观测部位：当年生枝条中部。

测试方法：选取测试植株树冠中上部南、北两个方向的5～6个当年生枝条的中部作为测试材料。日常光照条件下使用英国皇家园艺学会（RHS）出版的比色卡测定嫩枝表皮颜色。

注：如果以枝条特征作为新品种特异性的评价特征，申请人应在技术问卷中明确说明。

分级代码：

代码	性状特征描述	标准品种
3	黄色	
5	绿色	
7	红色	
9	紫色	

5.2.4 枝条：嫩枝基环（＊＋）

性状类别：QL。

观测方法：VG。

观测时期：春梢、夏梢或秋梢生长期。

观测部位：当年生枝条基部。

测试方法：选取测试植株树冠中上部南、北两个方向的5～6个当年生枝条的基部作为测试材料。

分级代码：

代码	性状特征描述	标准品种
1	无	
9	有	

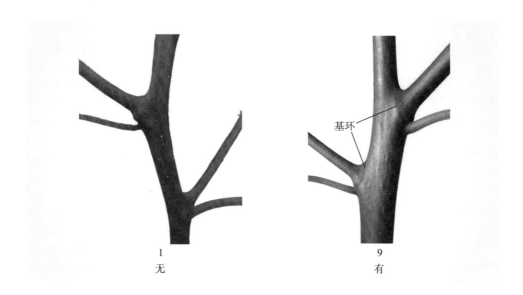

1　　　　　　　　　　　　　　　　9
无　　　　　　　　　　　　　　　　有

5.2.5　枝条：嫩枝基环颜色（＊）

性状类别：PQ。

观测方法：VG。

观测时期：春梢、夏梢或秋梢生长期。

观测部位：当年生枝条基部。

测试方法：选取测试植株树冠中上部南、北两个方向的5～6个当年生枝条的基部作为测试材料。日常光照条件下目测嫩枝基环颜色。

分级代码：

代码	性状特征描述	标准品种
3	绿	
5	红	
7	紫	

5.2.6 枝条：老枝颜色（＊）

性状类别：PQ。

观测方法：VG。

观测时期：春梢、夏梢或秋梢生长期。

观测部位：非当年生枝条中部。

测试方法：选取测试植株树冠中上部南、北两个方向的3～4个非当年生枝条的中部作为测试材料。日常光照条件下使用英国皇家园艺学会（RHS）出版的比色卡测定老枝表皮颜色。

分级代码：

代码	性状特征描述	标准品种
3	黄	
5	绿	
7	红	
9	紫	

5.2.7 枝条：绒毛（＊）

性状类别：QL。

观测方法：VG。

观测时期：春梢、夏梢或秋梢生长期。

观测部位：当年生枝条中部。

测试方法：选取测试植株树冠中上部南、北两个方向的3～4个当年生枝条的中部作为测试材料。一次性目测。

分级代码：

代码	性状特征描述	标准品种
1	无	
9	有	

5.2.8 叶：嫩叶颜色（＊）

性状类别：PQ。

观测方法：VG。

观测时期：春梢、夏梢或秋梢。

观测部位：当年生枝条中上部叶片。

测试方法：选取测试植株树冠中上部南、北两个方向的3～4个当年生枝条的中上部的3～4片叶作为测试材料。日常光照条件下使用英国皇家园艺学会（RHS）出版的比色卡测定嫩叶颜色。

分级代码：

代码	性状特征描述	标准品种
3	黄	
5	绿	
7	红	
9	紫	

5.2.9 叶：着生类型（＊＋）

性状类别：QL。

观测方法：VG。

观测时期：叶片成熟稳定期。

观测部位：当年生枝条中部。

测试方法：选取测试植株树冠中上部南、北两个方向的3～4个当年生枝条的中部的3～4片叶作为测试材料。

分级代码：

代码	性状特征描述	标准品种
1	互生	
9	近对生	

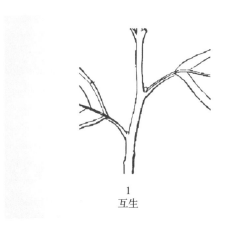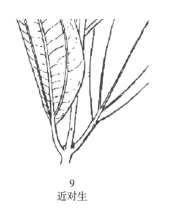

1　　　　　　　　　　　　　　9
互生　　　　　　　　　　　　近对生

5.2.10　叶：着生状态（+）

性状类别：PQ。

观测方法：VG。

观测时期：叶片成熟稳定期。

观测部位：当年生枝条中部。

测试方法：选取测试植株树冠中上部南、北两个方向的3～4个当年生枝条的中部的3～4片叶作为测试材料。

分级代码：

代码	性状特征描述	标准品种
1	上斜	
2	水平	
3	下垂	

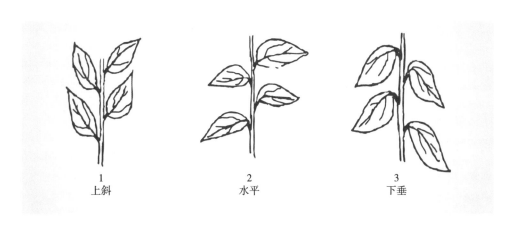

1　　　　　　　　　　2　　　　　　　　　　3
上斜　　　　　　　　　水平　　　　　　　　下垂

5.2.11 叶：叶片形状（＊＋）

性状类别：PQ。

观测方法：VG。

观测时期：叶片成熟稳定期。

观测部位：当年生枝条中部。

测试方法：选取测试植株树冠中上部南、北两个方向的3～4个当年生枝条的中部的3～4片叶作为测试材料。采用相似性判别法对照图示确定叶片形状。

分级代码：

代码	性状特征描述	标准品种
1	披针形	
2	卵圆形	
3	倒卵圆形	
4	椭圆形	
5	近圆形	吉龙1号

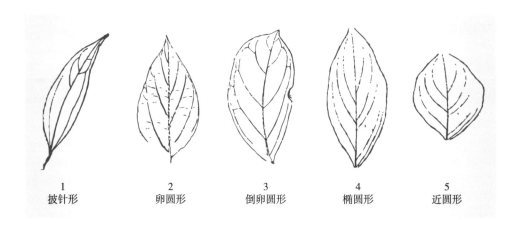

| 1 | 2 | 3 | 4 | 5 |
| 披针形 | 卵圆形 | 倒卵圆形 | 椭圆形 | 近圆形 |

5.2.12 叶：叶缘波曲（＊）

性状类别：QL。

观测方法：VG。

观测时期：叶片成熟稳定期。

观测部位：当年生枝条中部。

测试方法：选取测试植株树冠中上部南、北两个方向的3～4个当年生枝条的中部的3～4片叶作为测试材料。

分级代码：

代码	性状特征描述	标准品种
1	无	
9	有	

5.2.13 叶：叶尖形状（+）

性状类别：PQ。

观测方法：VG。

观测时期：叶片成熟稳定期。

观测部位：当年生枝条中部。

测试方法：选取测试植株树冠中上部南、北两个方向的3～4个当年生枝条的中部的3～4片叶作为测试材料。

分级代码：

代码	性状特征描述	标准品种
1	渐尖	御黄
2	短尖	
3	尾尖	涌金
4	无	吉龙1号

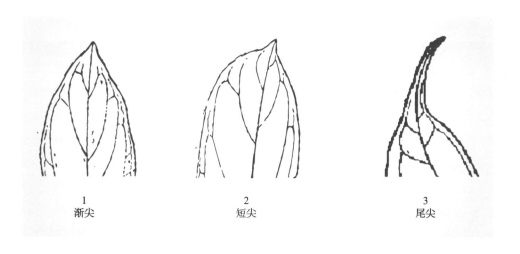

5.2.14 叶：长度

性状类别： QN。

观测方法： MS。

观测时期： 叶片成熟稳定期。

观测部位： 当年生枝条中部的阳生叶片。

测试方法： 选取测试植株树冠中上部的3～4个当年生枝条中部的3～4片阳生叶片作为测试材料。

分级代码：

代码	性状特征描述	标准品种
3	短	涌金
5	中	盛赣
7	长	

5.2.15 叶：宽度

性状类别： QN。

观测方法： MS。

观测时期： 叶片成熟稳定期。

观测部位： 当年生枝条中部的阳生叶片。

测试方法： 选取测试植株树冠中上部的3～4个当年生枝条中部的3～4片阳生叶片作为测试材料。

分级代码：

代码	性状特征描述	标准品种
3	窄	盛赣
5	中	
7	宽	

5.2.16 叶：叶脉类型（＊＋）

性状类别： QL。

观测方法：VG。

观测时期：叶片成熟稳定期。

观测部位：当年生枝条中部。

测试方法：选取测试植株树冠中上部南、北两个方向的3~4个当年生枝条中部的3~4片叶作为测试材料。

分级代码：

代码	性状特征描述	标准品种
1	羽状脉	千叶香
2	离基三出脉	
3	三出脉	

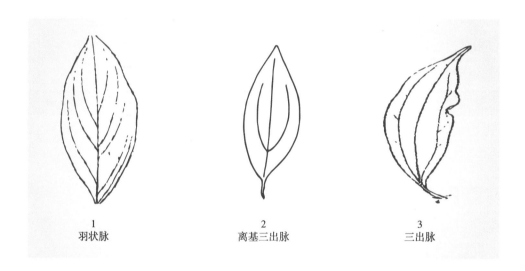

1	2	3
羽状脉	离基三出脉	三出脉

5.2.17 叶：脉腺（*）

性状类别：QL。

观测方法：VG。

观测时期：叶片成熟稳定期。

观测部位：当年生枝条中部。

测试方法：选取测试植株树冠中上部南、北两个方向的3~4个当年生枝条中部的3~4片叶作为测试材料。

分级代码：

代码	性状特征描述	标准品种
1	无	千叶香
9	有	

5.2.18　叶：三出脉离基长度

性状类别：QN。

观测方法：MS。

观测时期：叶片成熟稳定期。

观测部位：当年生枝条中部的阳生叶片。

测试方法：选取测试植株树冠中上部的3～4个当年生枝条中部的3～4片阳生叶片作为测试材料。

分级代码：

代码	性状特征描述	标准品种
1	短	涌金
2	中	
3	长	

5.2.19　叶：老叶绒毛

性状类别：QL。

观测方法：VG。

观测时期：叶片成熟期。

观测部位：当年生枝条中部。

测试方法：选取测试植株树冠中上部南、北两个方向的3～4个当年生枝条中部的3～4片叶作为测试材料。

分级代码：

代码	性状特征描述	标准品种
1	无	
9	有	

5.2.20　叶：叶柄长度

性状类别： QN。

观测方法： MS。

观测时期： 叶片成熟稳定期。

观测部位： 当年生枝条中部的阳生叶片。

测试方法： 选取测试植株树冠中上部的3～4个当年生枝条中部的3～4片阳生叶片作为测试材料。

分级代码：

代码	性状特征描述	标准品种
1	短	
2	中	涌金
3	长	

5.2.21　花：花序形状（＊＋）

性状类别： QL。

观测方法： VG。

观测时期： 盛花期。

观测部位： 树体阳面发育正常、花瓣完全展开的花朵。

测试方法： 盛花期，选择生长正常的树冠中上部枝条的中上部花作为测试材料。

分级代码：

代码	性状特征描述	标准品种
1	圆锥形	
2	伞形	
3	伞房形	
4	总状	

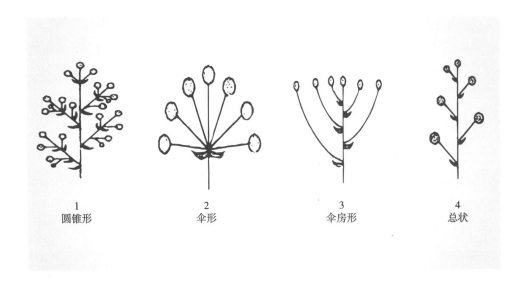

| 1 | 2 | 3 | 4 |
| 圆锥形 | 伞形 | 伞房形 | 总状 |

5.2.22 花：花序着生部位（＊）

性状类别：QL。

观测方法：VG。

观测时期：盛花期。

观测部位：树体阳面发育正常、花瓣完全展开的花朵。

测试方法：盛花期，选择生长正常的树冠中上部枝条的中上部花作为测试材料。

分级代码：

代码	性状特征描述	标准品种
1	顶生	
2	腋生	
3	顶生及腋生	

5.2.23 花：花梗被毛（＊）

性状类别：QL。

观测方法：VG。

观测时期：盛花期。

观测部位：花梗。

测试方法：盛花期，选择生长正常的树冠中上部枝条的中上部花作为测试材料。

分级代码：

代码	性状特征描述	标准品种
1	无	
9	有	

5.2.24 花：花序分枝级数（＊＋）

性状类别：QL。

观测方法：VS。

观测时期：盛花期。

观测部位：树体阳面发育正常、花瓣完全展开的花朵。

测试方法：盛花期，选择生长正常的树冠中上部枝条的中上部花作为测试材料。

分级代码：

代码	性状特征描述	标准品种
1	1级	
2	2级	
3	3级	

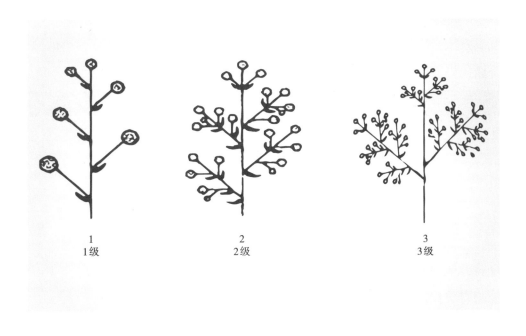

1	2	3
1级	2级	3级

5.2.25　花：花序长度

性状类别：QN。

观测方法：VS。

观测时期：盛花期。

观测部位：树体阳面发育正常、花瓣完全展开的花朵。

测试方法：盛花期，选择生长正常的树冠中上部枝条的中上部花作为测试材料。

分级代码：

代码	性状特征描述	标准品种
3	短	
5	中	涌金
7	长	

5.2.26　花：末级花序花数

性状类别：QN。

观测方法：VS。

观测时期：盛花期。

观测部位：树体阳面发育正常、花瓣完全展开的花朵。

测试方法：盛花期，选择生长正常的树冠中上部枝条的中上部花作为测试材料。

分级代码：

代码	性状特征描述	标准品种
3	少	龙脑香
5	中	涌金
7	多	

5.2.27　花：颜色（＊）

性状类别：PQ。

观测方法：VG。

观测时期：盛花期。

观测部位：树体阳面发育正常、花瓣完全展开的花朵。

测试方法：盛花期，选择生长正常的树冠中上部枝条的中上部花作为测试材料。日常光照条件下使用英国皇家园艺学会（RHS）出版的比色卡测定花颜色。

分级代码：

代码	性状特征描述	标准品种
1	白	
3	淡黄	
5	黄	

5.2.28　果：果形（*）

性状类别：PQ。

观测方法：VG。

观测时期：果实成熟期。

观测部位：树冠阳面中上部发育正常的果实侧面。

测试方法：选择树冠阳面中上部发育正常的果实作为测试材料。

分级代码：

代码	性状特征描述	标准品种
1	圆球形	
2	卵圆球形	
3	椭圆球形	

5.2.29　果：果径

性状类别：QN。

观测方法：MS。

观测时期：果实成熟期。

观测部位：树冠阳面中上部发育正常的果实。

测试方法：选择树冠阳面中上部发育正常的果实作为测试材料。

分级代码：

代码	性状特征描述	标准品种
3	小	
5	中	御黄
7	大	

5.2.30 果：果穗果数

性状类别：QN。

观测方法：MS。

观测时期：果实成熟期。

观测部位：树冠阳面中上部发育正常的果实。

测试方法：选择树冠阳面中上部发育正常的果实作为测试材料。

分级代码：

代码	性状特征描述	标准品种
3	少	御黄
5	中	
7	多	

5.2.31 果：果托形状（＊＋）

性状类别：PQ。

观测方法：VG。

观测时期：果实成熟期。

观测部位：树冠阳面中上部发育正常的果实。

测试方法：选择树冠阳面中上部发育正常的果实作为测试材料。

分级代码：

代码	性状特征描述	标准品种
1	广口倒锥形	
2	倒锥形	

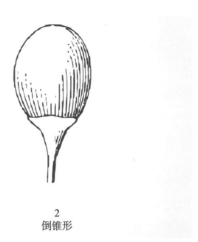

1
广口倒锥形　　　　　　　　　2
　　　　　　　　　　　　　　倒锥形

5.2.32　果：果托顶端裂口（＋）

性状类别： QL。

观测方法： VG。

观测时期： 果实成熟期。

观测部位： 树冠阳面中上部发育正常的果实。

测试方法： 选择树冠阳面中上部发育正常的果实作为测试材料。

分级代码：

代码	性状特征描述	标准品种
1	无	
9	有	

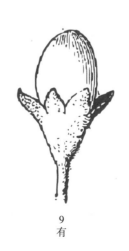

1　　　　　　　　　　　9
无　　　　　　　　　　有

5.2.33　果：果皮颜色（＊）

性状类别：PQ。

观测方法：VG。

观测时期：果实成熟期。

观测部位：树冠阳面中上部发育正常的果实。

测试方法：选择树冠阳面中上部发育正常的果实作为测试材料。

分级代码：

代码	性状特征描述	标准品种
1	紫红色	
2	黑色	

5.2.34　种子：表面凸起

性状类别：QL。

观测方法：VG。

观测时期：果实成熟期。

观测部位：树冠阳面中上部发育正常的果实。

测试方法：选择树冠阳面中上部发育正常的去皮后的果实作为测试材料。

分级代码：

代码	性状特征描述	标准品种
1	无	
9	有	

5.2.35　叶片精油：含量

性状类别：QN。

观测方法：MS。

观测时期：叶片成熟期。

观测部位：树冠外围中上部当年生完全成熟的叶片。

测试方法：选取测试植株树冠外围中上部的3～4个当年生枝条中上部的完全成

熟的叶片作为测试材料。叶片鲜样不低于1kg。叶片样品用自封袋或塑料袋密封包装，并在2天内完成精油提取与主成分含量分析。精油提取采用密闭循环式水蒸气蒸馏法。

分级代码：

代码	性状特征描述	标准品种
3	低	御黄
5	中	
7	高	龙脑1号

5.2.36 叶片精油：桉叶油醇含量（%）

性状类别：QN。

观测方法：MS。

观测时期：叶片成熟期。

观测部位：树冠外围中上部当年生完全成熟的叶片。

测试方法：选取测试植株树冠外围中上部的3~4个当年生枝条中上部的完全成熟的叶片作为测试材料。叶片鲜样不低于1kg。叶片样品用自封袋或塑料袋密封包装，并在2天内完成精油提取与主成分含量分析。精油提取采用密闭循环式水蒸气蒸馏法，主成分含量测定采用气–质联用法。

分级代码：

代码	性状特征描述	标准品种
3	低	龙脑1号
5	中	洪桉樟
7	高	

5.2.37 叶片精油：芳樟醇含量（%）

性状类别：QN。

观测方法：MS。

观测时期：叶片成熟期。

观测部位：树冠外围中上部当年生完全成熟的叶片。

测试方法：选取测试植株树冠外围中上部的3~4个当年生枝条中上部的完全成熟的叶片作为测试材料。叶片鲜样不低于1kg。叶片样品用自封袋或塑料袋密封包装，并在2天内完成精油提取与主成分含量分析。精油提取采用密闭循环式水蒸气蒸馏法，主成分含量测定采用气-质联用法。

分级代码：

代码	性状特征描述	标准品种
3	低	
5	中	
7	高	千叶香

5.2.38 叶片精油：樟脑含量（%）

性状类别：QN。

观测方法：MS。

观测时期：叶片成熟期。

观测部位：树冠外围中上部当年生完全成熟的叶片。

测试方法：选取测试植株树冠外围中上部的3~4个当年生枝条中上部的完全成熟的叶片作为测试材料。叶片鲜样不低于1kg。叶片样品用自封袋或塑料袋密封包装，并在2天内完成精油提取与主成分含量分析。精油提取采用密闭循环式水蒸气蒸馏法，主成分含量测定采用气-质联用法。

分级代码：

代码	性状特征描述	标准品种
3	低	
5	中	
7	高	怀脑樟1号

5.2.39 叶片精油：龙脑含量（%）

性状类别：QN。

观测方法：MS。

观测时期：叶片成熟期。

观测部位：树冠外围中上部当年生完全成熟的叶片。

测试方法：选取测试植株树冠外围中上部的3～4个当年生枝条中上部的完全成熟的叶片作为测试材料。叶片鲜样不低于1kg。叶片样品用自封袋或塑料袋密封包装，并在2天内完成精油提取与主成分含量分析。精油提取采用密闭循环式水蒸气蒸馏法，主成分含量测定采用气-质联用法。

分级代码：

代码	性状特征描述	标准品种
3	低	
5	中	龙脑香
7	高	龙脑1号

5.2.40　叶片精油：异橙花叔醇含量（%）

性状类别：QN。

观测方法：MS。

观测时期：叶片成熟期。

观测部位：树冠外围中上部当年生完全成熟的叶片。

测试方法：选取测试植株树冠外围中上部的3～4个当年生枝条中上部的完全成熟的叶片作为测试材料。叶片鲜样不低于1kg。叶片样品用自封袋或塑料袋密封包装，并在2天内完成精油提取与主成分含量分析。精油提取采用密闭循环式水蒸气蒸馏法，主成分含量测定采用气-质联用法。

分级代码：

代码	性状特征描述	标准品种
3	低	龙脑1号
5	中	
7	高	

5.2.41　叶片精油：柠檬醛含量（%）

性状类别：QN。

观测方法：MS。

观测时期：叶片成熟期。

观测部位：树冠外围中上部当年生完全成熟的叶片。

测试方法：选取测试植株树冠外围中上部的3～4个当年生枝条中上部的完全成熟的叶片作为测试材料。叶片鲜样不低于1kg。叶片样品用自封袋或塑料袋密封包装，并在2天内完成精油提取与主成分含量分析。精油提取采用密闭循环式水蒸气蒸馏法，主成分含量测定采用气-质联用法。

分级代码：

代码	性状特征描述	标准品种
3	低	
5	中	
7	高	

5.2.42 叶片精油：黄樟油素含量（%）

性状类别：QN。

观测方法：MS。

观测时期：叶片成熟期。

观测部位：树冠外围中上部当年生完全成熟的叶片。

测试方法：选取测试植株树冠外围中上部的3～4个当年生枝条中上部的完全成熟的叶片作为测试材料。叶片鲜样不低于1kg。叶片样品用自封袋或塑料袋密封包装，并在2天内完成精油提取与主成分含量分析。精油提取采用密闭循环式水蒸气蒸馏法，主成分含量测定采用气-质联用法。

分级代码：

代码	性状特征描述	标准品种
3	低	
5	中	
7	高	

5.2.43 叶片精油：4-萜品醇含量（%）

性状类别：QN。

观测方法：MS。

观测时期：叶片成熟期。

观测部位：树冠外围中上部当年生完全成熟的叶片。

测试方法：选取测试植株树冠外围中上部的3～4个当年生枝条中上部的完全成熟的叶片作为测试材料。叶片鲜样不低于1kg。叶片样品用自封袋或塑料袋密封包装，并在2天内完成精油提取与主成分含量分析。精油提取采用密闭循环式水蒸气蒸馏法，主成分含量测定采用气-质联用法。

分级代码：

代码	性状特征描述	标准品种
3	低	
5	中	
7	高	

5.2.44　叶片精油：甲基丁香酚含量（%）

性状类别：QN。

观测方法：MS。

观测时期：叶片成熟期。

观测部位：树冠外围中上部当年生完全成熟的叶片。

测试方法：选取测试植株树冠外围中上部的3～4个当年生枝条中上部的完全成熟的叶片作为测试材料。叶片鲜样不低于1kg。叶片样品用自封袋或塑料袋密封包装，并在2天内完成精油提取与主成分含量分析。精油提取采用密闭循环式水蒸气蒸馏法，主成分含量测定采用气-质联用法。

分级代码：

代码	性状特征描述	标准品种
3	低	
5	中	
7	高	

5.2.45 叶片精油：芹子烯含量（%）

性状类别：QN。

观测方法：MS。

观测时期：叶片成熟期。

观测部位：树冠外围中上部当年生完全成熟的叶片。

测试方法：选取测试植株树冠外围中上部的3~4个当年生枝条中上部的完全成熟的叶片作为测试材料。叶片鲜样不低于1kg。叶片样品用自封袋或塑料袋密封包装，并在2天内完成精油提取与主成分含量分析。精油提取采用密闭循环式水蒸气蒸馏法，主成分含量测定采用气–质联用法。

分级代码：

代码	性状特征描述	标准品种
3	低	
5	中	
7	高	

第6章

樟属植物新品种
DUS测试拍摄规程

测试性状照片是新品种测试结果判定和品种描述的重要依据。根据国家林业和草原局植物新品种DUS测试有关规定及《植物新品种特异性、一致性和稳定性测试指南樟属》（LY/T 3121—2019）的要求，为通过拍摄照片真实、准确、公正地反映樟属植物新品种的特异性、一致性和稳定性（简称DUS），特制定本规程。本规程规定了樟属植物DUS测试性状拍摄的总体原则和技术要求，在实际拍摄中应结合樟属植物DUS测试指南中对性状的描述和分级标准使用。

6.1 拍摄基本要求与方法

6.1.1 拍摄目的

DUS测试中拍摄的照片是证明品种特征特性、栽培情况和DUS三性的重要信息。因此，照片要容易看懂、容易比较而且要鲜明。

6.1.1.1 DUS测试照片的重要性

DUS测试中拍摄的照片是为了加深和加强对栽培情况和品种特征特性的了解，而附在DUS测试报告中的。附上恰当的照片，有助于提高DUS测试报告和审查的质量。

6.1.1.2 照片的利用

（1）DUS测试报告

附在DUS测试报告中的照片应该能对品种性状描述表中的品种特征特性加以说明。

（2）品种照片数据的积累

把附在DUS测试报告中的照片，作为可以阅览的数据，按照测试品种的不同整理出来，有利于应用今后的测试业务。

（3）近似品种的选定

进行品种测试时，上述（2）中整理出来的照片数据可以用于近似品种的选定。

（4）其他

可作为编制特征特性描述指南时的参考资料，或在被提出异议等时作为证据使用。

6.1.2　照片拍摄的基本事项

6.1.2.1　数码相机的种类

数码相机的种类有可拍专业照的单镜头反光照相机和小型轻便的袖珍相机。两者之间最大的区别是，根据拍摄目的不同能否替换镜头。此外，在镜头和图像传感器的性能、纵横比等方面也有区别。在DUS测试时，可根据拍摄环境选择最适合的相机。

（1）单镜头反光照相机

根据需要可替换镜头，可以进行详细设定，而且能拍摄出更鲜明的照片。但存在机身大、不如袖珍相机携带方便的缺点。

（2）袖珍相机

虽然不能替换镜头，也不能进行详细设定，但它携带方便。和单镜头反光照相机相比，图像传感器（CCD和CMOS）小、画质差，可最近在市场上也出现带有比以往大的图像传感器的，或者可以进行详细设定的高功能袖珍机。

附在DUS测试报告中的照片不进行剪裁和纵横比变更。

6.1.2.2　相机的功能、基本操作和拍摄方法

拍摄人员应该熟识相机的功能和操作方法，根据摄影环境选择最佳设定，拍摄符合DUS测试报告用的照片。

（1）记录像素和压缩率

根据照片数据的用途（打印、数据库输入和网络传阅等）来判断记录像素和压缩率。一般由各个审批机关作出判断。

（2）ISO感光度

ISO感光度越高，即使在昏暗的场所也能够拍摄照片，但会出现噪点。因此，在DUS测试照片的拍摄时，ISO感光度的基本设定应是所使用相机的最低感光度。但如果在昏暗场所得不到充分的快门速度，可将ISO感光度提高到不受噪点影响的程度。

（3）拍摄模式

在DUS测试照片的拍摄时，不使用自动拍摄模式，而使用可以详细设定白平衡等的P模式（程序曝光模式）或A模式（光圈先决模式）。

P模式：根据明亮程度，自动选择适当的快门速度和光圈而拍摄的模式。

A模式：根据明亮程度，在固定光圈的状态下以适当的快门速度来拍摄的模式。

用A模式缩小光圈（F值变大）拍摄时，可以得到更深的景深，焦点范围也会变深，但因为光线不足，会导致快门速度下降，也会增加手抖动的可能性。缩小光圈拍摄时，要使用三脚架或拍摄台来固定相机。如果使用高功能相机，即使调高ISO感光度，在控制噪点的同时也可以调快快门速度。另外，不同的相机镜头，光圈最大值和最小值也是不同的。

（4）微距模式

在DUS测试中经常拍摄花的各个组成部分等小被摄体。拍摄小被摄体时，要使用微距模式。不同相机的机种（镜头），有不同的微距模式的摄影距离，在离被摄体50cm之内的距离拍摄时，一般使用微距模式。

（5）变焦

只可使用光学变焦。数码变焦是用软件把原图放大，会导致画质降低，因此不宜采用。

（6）测光方式

大多数数码相机半按快门按钮就呈现"AF/AE锁定"状态（焦点/曝光固定状态）。大多数相机的初始设定是以总画面光线量的平均来固定曝光的。在DUS测试中经常进行花的特写拍摄。因为不同的花色有不同的光线量，所以焦点在对好花的时候会出现曝光差距。由于花色的缘故，照片总体有时会变暗（曝光不足）或变亮（曝光过度），如果出现这种情况，要根据被摄体的不同采用不同的测光方式，选择最接近的光线量，然后利用曝光补偿功能来调整正确的曝光量。使用相机镜头的亮度（F值）越小，适用范围越广。

（7）白平衡

在DUS测试照片的拍摄中，白平衡调整是至关重要的。拍摄照片时，如果没有进行适合于光源色温的设定，照片就不能准确地再现颜色。因此，要根据拍摄场所的光源色温（晴天的室外、阴天的室外、背阴处、室内和荧光灯等）的不同，对白平衡进行适当的调整。调整白平衡时，应使用专用的18%灰色卡或者纯白色的纸，如果使用一般市场上销售的白纸，应该每次用同类纸。

（8）闪光灯

在不需要使用闪光灯的环境中拍摄照片是最好的。但需要使用时，注意影子和反射，并在DUS测试报告上注明使用过闪光灯。

6.1.2.3　拍摄方法的基础

（1）防止手抖动

为了防止手抖动，尽可能使用三脚架或拍摄台固定相机。如果没有三脚架或拍摄台，应夹紧双臂防止手抖动。另外，靠建筑物等方法来固定身体拍摄，也会得到良好的效果。快门速度降低到1/100以下时，要固定相机。

（2）被摄体

要选择健全并代表该品种特征特性的被摄体。拍摄调查个体本身时，基本上不会发生照片和调查结果之间的矛盾。但因边调查边拍摄较难，一般重新选择被摄体个体。即使是同一个品种内也会存在个体间特征特性的差距，所以尽量避免极端，将具有明显品种特征特性的个体作为被摄体选择。

（3）构图

A. 构图的一贯性

拍摄DUS测试照片时，保持构图的一贯性，将有利于之后的品种比较。因此根据需要按照植物种类不同事先定好构图，避免因为构图的变更出现难比较的情况。

B. 标题

附在DUS测试报告中的照片必须附加标题。另外，作为附加标题用的植物术语，应该使用测试指南中的性状术语。

C. 摄影年月日

附在DUS测试报告中的照片资料上必须记载摄影年月日。如果直接标在照片上，应考虑打印位置及版面布置。

D. 品种名标签

照片里要拍进品种名标签。需要使用与被摄体大小相协调的品种名标签。

E. 被摄体的布置

根据被摄体的形状和大小决定照片的竖横。尽量把被摄体拍得大些，但要注意缺边。

F. 直尺

考虑被摄体的大小及其协调性，应选择长短不同的直尺。如果没有直尺，可以使用卷尺。

G. 背景

一般用单色背景，其中适合用的是淡蓝色或淡灰色。另外，有纸质和布质的背

景。如果没有拍摄用的背景，只要是单色就可以利用建筑物的墙或素面混凝土墙面等。如果拍摄同一个构图类型，也要统一背景色。

H. 其他

要拍摄不稳定的被摄体的固定状态（静止），应事先准备好小工具和镊子。

（4）拍摄环境

最好准备一个专门的拍摄环境。比如，如果拥有专用的拍摄设施，可使用带有拍照用荧光灯设备的拍摄台（翻拍台）。台上要安装相机和灯具等，因此使用有一定重量的拍摄台既稳定又好用。照明要使用拍照专用的荧光灯。常备此类拍摄台（翻拍台），可以在一定的环境中拍摄照片。

A. 在室内拍摄时的注意点

调整好照明的位置和角度，注意影子和反射光等，最好在底板上垫无反射纸。

B. 在室外拍摄时的注意点

应该避开直射光并注意阴影和反射光，要以选择明亮的背阴处或微阴天的间歇等技巧来拍摄。

即使使用三脚架，也需要注意的是，有时候因受刮风影响会出现的被摄体抖动。

6.1.3 拍摄方法说明

6.1.3.1 用来说明品种特征特性和栽培情况的照片

为了说明品种特征特性和栽培情况，按品种分开拍摄。照片最好能概括更多的特征特性，但如果构图太多，照片拍摄时和拍摄后的数据管理都会相当费力，因此应该拍摄构图少又能概括更多特征特性的照片。

测试性状照片应能准确清楚地反映樟属植物申请品种的DUS测试性状特征，构图明确，成像清晰，拍摄的照片不得使用任何软件进行修饰；拍摄尽量采用简单、有效的方式进行。

6.1.3.2 用来说明DUS三性的照片

为了说明DUS三性，根据需要把申请品种和近似品种，申请品种类和异型株类排在一起拍摄。应选择申请品种与近似品种最为直观、差异明显且有代表性的性状，以测试指南中质量性状和必测性状为主，其次为数量性状和辅助性状。特异性状照片应尽可能将申请品种与近似品种并列拍摄于同一张照片内，一张照片可以同时反映多个

测试性状，照片内所显示的品种性状信息与田间实际表现和完成的测试结果相符。拍摄同一性状的照片，应选择相同的背景、场地以及时期。选择拍摄的性状、部位以及时期，以樟属植物DUS测试指南的要求为准。

（1）有特异性

有特异性的情况时，根据需要拍摄能够判定特异性的特征特性的照片。一个樟属植物申请品种，在完成DUS测试工作后，应提供2～3张特异性照片。

（2）无特异性

没有特异性的时候，一般要驳回新品种注册申请。因此需要有说明申请品种和近似品种的特性是一致的照片。如果是驳回案例，拍摄的时候应考虑到该照片会成为应付异议等时候的证据。

（3）无一致性（稳定性）

没有一致性的时候，一般要驳回新品种注册申请。因此需要有说明异型株的发生情况和确定异型株本身的照片。确定异型株，还需要把申请品种类和异型株类排在一起拍摄的照片。如果是驳回案例，拍摄的时候应意识到该照片会成为应付异议等时候的证据。

对一致性和稳定性不合格的性状，也应提供相应照片。若申请品种无特异性，则应提供3张以上证明无特异性的性状照片。

6.1.3.3 照片拍摄时的注意点

（1）品种性状描述表和照片上的特征特性应一致

有时候发生品种性状描述表和DUS测试报告中的照片上的特征特性不一致的问题。这种情况一般在被摄体的选择上，或者在测定值的环节上有可能存在问题。品种特征特性和照片应一致。

（2）相机的特性

即使调好白平衡也不一定能拍出真实的花色。不同的相机机种有不同的颜色表现。因此，在选择机种的时候需要注意相机的颜色表现性。拍摄后立刻确认其效果，如果没有表现原本的花色，需要再调好白平衡等设定。

6.1.3.4 拍摄工具及辅助设备

全自动、能手动的数码相机（DC）、数码单反相机（DSLR）（标准镜头）、微距镜头、偏振镜、标准闪光灯、环形闪光灯（多个光源组成环形光源）、快门线（遥控

器）、柔光箱、柔光板、反光板、遮光板、三脚架、拍摄台、背景布（纸）、刻度尺、镊子、胶布、大头针和回形针、存储卡、电池、摄影包等。

6.1.3.5 拍照技术要求

（1）照片格式

樟属植物DUS测试性状照片一律采用jpg格式。拍摄的测试性状照片，要求建立电子档案，提交使用的照片一律冲洗成（3R）89mm×127mm彩色照片。照片中应包括拍摄主体（樟属植物性状部位）、品种标签、背景部分。背景宜采用白色或浅灰色，被摄物与镜头垂直拍摄。

（2）照片平面布局

申请品种置于照片左侧，近似品种置于右侧；或申请品种置于照片上部，近似品种置于下部。采用最广泛的三分法，即把画面按水平和竖直方向分别分为三等分，被摄主体安排在黄金点上。

品种标签可以通过电脑制作、打印纸质标签、手写标签，标签内容为申请品种、近似品种名称或测试编号。标签放置于拍摄主体的下部或两侧，一张照片中标签的大小要求统一，且与拍摄主体的比例协调，字体为宋体加黑，四号字。

（3）摄影采光

拍照时尽量选择在室外柔和的自然光下进行，光线与色彩应能保证测试性状的正确表达。在室内拍摄应配合使用外接光源。晴天或光线充足的多云天气，使用遮光板避免阳光直射被摄物体，调整白平衡，微距拍摄，尽量使用手动对焦，使用三脚架避免抖动。室内拍摄使用环形闪光灯或多个光源组成环形光源，或将拍摄物体放在柔光箱内，ISO值50~200。

6.2 樟属植物DUS测试性状照片拍摄方法

性状1 植株：冠形

1）拍摄时期：3~4年植株。

2）拍摄地点与时间：遮阴处，9:00~11:00，15:00~17:00。

3）拍摄前准备：选取种植小区内性状典型的植株，或者4年生现场植株，将周围杂草和石块清理干净，对单株进行拍摄，重点表现冠形状态。

4）拍摄背景：田间。

5）拍摄技术要求：

a. 分辨率：1280×1024以上；

b. 光线：充足柔和的自然光；

c. 拍摄角度：正面垂直拍摄；

d. 拍摄模式：程序自动模式（P模式）；

e. 白平衡：自定义；

f. 物距：200cm左右；

g. 相机固定方式：手持。

性状2/4/7　枝：嫩枝颜色、嫩枝基环颜色、嫩叶颜色

1）拍摄时期：春梢。

2）拍摄地点与时间：遮阴处，9∶00～11∶00，15∶00～17∶00。

3）拍摄前准备：选取种植小区内性状典型的植株，选1个当年生枝条的中上段作为枝条类特征的测试材料，截取一段，平放在背景纸上，底部对齐进行对比拍摄。

4）拍摄背景：浅灰色背景。

5）拍摄技术要求：

a. 分辨率：1280×1024以上；

b. 光线：充足柔和的自然光；

c. 拍摄角度：垂直拍摄；

d. 拍摄模式：程序自动模式（P模式）；

e. 白平衡：自定义；

f. 物距：30cm左右；

g. 相机固定方式：翻拍架。

性状5　枝：老枝颜色

1）拍摄时期：秋梢。

2）拍摄地点与时间：遮阴处，9∶00～11∶00，15∶00～17∶00。

3）拍摄前准备：选取种植小区内性状典型的植株，选1个当年生枝条的中上段作为枝条、叶类特征的测试材料，截取一段，平放在背景纸上，底部对齐进行对比拍摄。

4）拍摄背景：浅灰色背景。

5）拍摄技术要求：

a. 分辨率：1280×1024以上；

b. 光线：充足柔和的自然光；

c. 拍摄角度：垂直拍摄；

d. 拍摄模式：程序自动模式（P模式）；

e. 白平衡：自定义；

f. 物距：30cm左右；

g. 相机固定方式：翻拍架。

性状8/9/10/12　叶：着生类型、着生状态、叶片形状、叶尖形状

1）拍摄时期：叶片成熟期，7月。

2）拍摄地点与时间：遮阴处，9:00～11:00，15:00～17:00。

3）拍摄前准备：选取种植小区内性状典型的植株，选1个当年生枝条的中上段作为叶类特征的测试材料，截取一段，平放在背景纸上，底部对齐进行对比拍摄。

4）拍摄背景：浅灰色背景。

5）拍摄技术要求：

a. 分辨率：1280×1024以上；

b. 光线：充足柔和的自然光；

c. 拍摄角度：垂直拍摄；

d. 拍摄模式：程序自动模式（P模式）；

e. 白平衡：自定义；

f. 物距：40cm左右；

g. 相机固定方式：翻拍架。

性状18 叶：老叶绒毛

1）拍摄时期：叶片成熟稳定期，8月。

2）拍摄地点与时间：遮阴处，9:00～11:00，15:00～17:00。

3）拍摄前准备：选取种植小区内性状典型的植株，选1个当年生枝条的中上段作为叶类特征的测试材料，截取一段，平放在背景纸上，底部对齐进行对比拍摄。

4）拍摄背景：浅蓝色或浅灰色背景。

5）拍摄技术要求：

a.分辨率：1280×1024以上；

b.光线：充足柔和的自然光；

c.拍摄角度：垂直拍摄；

d.拍摄模式：程序自动模式（P模式）；

e.白平衡：自定义；

f.物距：30cm左右；

g.相机固定方式：翻拍架。

性状13/14/17/19 叶：长度、宽度、三出脉离基长度、叶柄长度

1）拍摄时期：叶片成熟期，7月。

2）拍摄地点与时间：遮阴处，9:00～11:00，15:00～17:00。

3）拍摄前准备：选取种植小区内性状典型的植株，选1个当年生枝条的中上段作为叶类特征的测试材料，截取一段，平放在背景纸上，用双面胶固定，中间放直尺，测定叶片长度、宽度等，进行对比拍摄。

4）拍摄背景：浅蓝色或浅灰色背景。

5）拍摄技术要求：

a.分辨率：1280×1024以上；

b.光线：充足柔和的自然光；

c.拍摄角度：垂直拍摄；

d.拍摄模式：程序自动模式（P模式）；

e. 白平衡：自定义；

f. 物距：30cm左右；

g. 相机固定方式：翻拍架。

性状20/21/22　花：花序形状、花絮着生部位、花梗被毛

1）拍摄时期：盛花期（开花数量达到总花量的25%）。

2）拍摄地点与时间：遮阴处，9:00～11:00，15:00～17:00。

3）拍摄前准备：选择典型、完整的花朵，盛花期，选取健壮植株、正常生长的树冠中上部枝条的中上段作为花类特征的测试材料，用双面胶将枝条和叶片固定在背景纸上，进行对比拍摄。

4）拍摄背景：浅蓝色或浅灰色背景。

5）拍摄技术要求：

a. 分辨率：1280×1024以上；

b. 光线：充足柔和的自然光；

c. 拍摄角度：垂直拍摄；

d. 拍摄模式：程序自动模式（P模式）；

e. 白平衡：自定义；

f. 物距：30cm左右；

g. 相机固定方式：翻拍架。

性状24　花：花序长度

1）拍摄时期：盛花期（开花数量达到总花量的25%）。

2）拍摄地点与时间：遮阴处，9:00～11:00，15:00～17:00。

3）拍摄前准备：选择典型、完整的花朵，盛花期，选取健壮植株、正常生长的树冠中上部枝条的中上段作为花类特征的测试材料，用双面胶将枝条和叶片固定在背景纸上，中间放置直尺，测定长度，进行对比拍摄。

4）拍摄背景：浅蓝色或浅灰色背景。

5）拍摄技术要求：

　a. 分辨率：1280×1024以上；

　b. 光线：充足柔和的自然光；

　c. 拍摄角度：垂直拍摄；

　d. 拍摄模式：程序自动模式（P模式）；

　e. 白平衡：自定义；

　f. 物距：30cm左右；

　g. 相机固定方式：翻拍架。

性状26　花：颜色

1）拍摄时期：盛花期（开花数量达到总花量的25%）。

2）拍摄地点与时间：遮阴处，9:00～11:00，15:00～17:00。

3）拍摄前准备：选择典型、完整的花朵，盛花期，选取健壮植株、正常生长的树冠中上部枝条的中上段作为花类特征的测试材料，用双面胶将枝条和叶片固定在背景纸上，进行对比拍摄。

4）拍摄背景：浅蓝色或浅灰色背景。

5）拍摄技术要求：

　a. 分辨率：1280×1024以上；

　b. 光线：充足柔和的自然光；

　c. 拍摄角度：垂直拍摄；

　d. 拍摄模式：程序自动模式（P模式）；

　e. 白平衡：自定义；

　f. 物距：30cm左右；

　g. 相机固定方式：翻拍架。

性状28/29/31　果：果径、果穗果数、果托顶端裂口

1）拍摄时期：果实成熟期（5%以上果皮颜色变色）。

2）拍摄地点与时间：遮阴处，9:00～11:00，15:00～17:00。

3）拍摄前准备：选择种植小区内典型植株，取树冠阳面中上部带有发育正常果实的枝条，作为室内测定材料，平放在背景纸上，用双面胶将枝条和叶片固定，进行对比拍摄。

4）拍摄背景：浅蓝色或浅灰色背景。

5）拍摄技术要求：

a. 分辨率：1280×1024以上；

b. 光线：充足柔和的自然光；

c. 拍摄角度：垂直拍摄；

d. 拍摄模式：程序自动模式（P模式）；

e. 白平衡：自定义；

f. 物距：30cm左右；

g. 相机固定方式：翻拍架。

性状32 果：果皮颜色

1）拍摄时期：果实成熟稳定期（25%以上果皮颜色变色）。

2）拍摄地点与时间：遮阴处，9:00～11:00，15:00～17:00。

3）拍摄前准备：选择种植小区内典型植株，取树冠阳面中上部带有发育正常果实的枝条，作为室内测定材料，平放在背景纸上，用双面胶将枝条和叶片固定，进行对比拍摄。

4）拍摄背景：浅蓝色或浅灰色背景。

5）拍摄技术要求：

a. 分辨率：1280×1024以上；

b. 光线：充足柔和的自然光；

c. 拍摄角度：垂直拍摄；

d. 拍摄模式：程序自动模式（P模式）；

e. 白平衡：自定义；

f. 物距：30cm左右；

g. 相机固定方式：翻拍架。

性状33　种子：表面凸起

1）拍摄时期：果实成熟稳定期（25%以上果皮颜色变色）。

2）拍摄地点与时间：遮阴处，9:00～11:00，15:00～17:00。

3）拍摄前准备：选择种植小区内典型植株，取树冠阳面中上部带有发育正常果实的枝条，作为室内测定材料，剥去果皮后平放在背景纸上，进行对比拍摄。种子测定在采样后2天内完成。

4）拍摄背景：浅蓝色或浅灰色背景。

5）拍摄技术要求：

a. 分辨率：1280×1024以上；

b. 光线：充足柔和的自然光；

c. 拍摄角度：垂直拍摄；

d. 拍摄模式：程序自动模式（P模式）；

e. 白平衡：自定义；

f. 物距：30cm左右；

g. 相机固定方式：翻拍架。

第 **7** 章

樟属植物
已知品种资源

截至 2023 年年底，樟属植物已获授权品种 18 件，本章简要介绍已获授权品种的品种名称、品种权人、培育地、品种特征特性等情况，资料主要来源于国家林业和草原局植物新品种保护办公室。

7.1　吉龙 1 号

品种权号：20220112

植物类别：观赏植物

年份：2022

所属属种：樟属/樟树

培育人：甘青、李茂军、彭招兰、周日巍、黄逢龙、蒋志茵、周琴、杨亮、龚伟、周小卿、吴茂隆、刘钊、吴雪松、贺珑、董文浩

品种权人：吉安市林业科学研究所

品种权人类型：科研院所

申请号：20200571

申请日：20200729

授权日：20220513

授权公告号：国家林业和草原局公告（2022 年第 8 号）

培育地：江西省吉安市青原区

品种特征特性：乔木，树皮黄褐色。叶胖圆，薄革质，叶片呈圆形或倒卵形，长 2～7cm，宽 1.5～4.5cm，叶片顶端呈圆形没有渐尖，基部宽，全缘；离基三出脉，主脉只延伸至整片叶子的 2/3 处就分叉，不能直线延伸至叶片顶端，主脉和侧脉在上面凹陷下面凸起，弧曲上升；腺点不明显，偶见叶片脉腋处有腺点，叶柄长 1～2cm，叶背脉明显突出。

7.2　怀脑樟1号

品种权号：20210149

植物类别：林木

年份：2021

所属属种：樟属/黄樟

培育人：郑钦方、汪冶、肖聪颖

品种权人：湖南医药学院

品种权人类型：高等院校

申请号：20190405

申请日：20190612

授权日：20210625

授权公告号：国家林业和草原局公告（2021年第11号）

培育地：湖南省怀化市中方县

品种特征特性：常绿乔木，高达10m，胸径达1.5m；枝条粗壮，圆柱形，绿褐色。叶互生，椭圆形至卵状椭圆形或披针形，先端通常尾尖，革质，上面深绿色，光泽弱，下面通常绿色，侧脉脉腋在上面明显隆起，下面有明显的腺窝，窝穴内被毛或无毛；叶片揉碎后具强烈的樟脑香气。圆锥花序腋生，均比叶短，具梗，总梗长2～6cm。花被外面疏被白色微柔毛。能育雄蕊9，花丝被短柔毛；第一、二轮雄蕊长约1.4mm，花丝无腺体；第三轮雄蕊长约1.6mm，花丝近基部有一对具短柄的心形腺体。果球形，直径达1cm，黑色。

7.3　柠香

品种权号：20210229

植物类别：林木

年份：2021

所属属种：樟属/樟树

培育人：安家成、朱昌叁、李开祥、梁晓静、蔡玲、王坤、梁文汇、王军锋

品种权人：广西壮族自治区林业科学研究院

品种权人类型：科研院所

申请号：20190650

申请日：20190911

授权日：20210625

授权公告号：国家林业和草原局公告（2021年第11号）

培育地：广西壮族自治区桂林市平乐县、广西壮族自治区南宁市西乡塘区

品种特征特性：嫩枝基环颜色为紫色，叶水平互生，有叶缘波曲，种子表面无凸起，叶片精油含量低，叶片精油柠檬醛含量52.39%～60.16%。

7.4 桂樟1号

品种权号：20200384

植物类别：林木

年份：2020

所属属种：樟属/樟树

培育人：安家成、陆顺忠、杨素华、朱昌叁、梁晓静、邱米

品种权人：广西壮族自治区林业科学研究院

品种权人类型：科研院所

申请号：20190649

申请日：20190911

授权日：20201221

授权公告号：国家林业和草原局公告（2020年第23号）

培育地：广西壮族自治区南宁市西乡塘区

品种特征特性：嫩枝颜色为红色，嫩枝基环颜色为紫色，叶水平互生，叶缘有波曲，叶脉类型有离基三出脉、羽状脉，种子表面无突起，叶片精油含量中等，叶片精油芳樟醇含量中等。

7.5　赣彤2号

品种权号：20190209

植物类别：林木

年份：2019

所属属种：樟属 / 樟树

培育人：余发新、钟永达、吴照祥、李彦强、刘立盘、刘腾云、杨爱红、刘淑娟、周华、孙小艳、肖亮、周燕玲、胡淼

品种权人：江西省科学院生物资源研究所

品种权人类型：科研院所

省市：江西省南昌市

申请号：20180502

申请日：20180828

授权日：20190724

授权公告号：国家林业和草原局公告（2019年第13号）

品种特征特性：叶长圆状卵形，尾状渐尖，离基三出脉，背面发白，互生。叶长7～8cm，宽3～4cm，叶柄长1.5～1.8cm。该变异单株新芽呈粉白色，外面有红色鳞片；初生新叶金黄色，中脉叶肉周围略带红色，随着叶片的不断成熟，叶色逐渐变为浅红色、黄绿色、绿色；夏季新生叶为浅黄色，成熟后转浅绿色、绿色。春季枝条鲜红色或淡红色，夏季初生新枝为黄色，10月下旬后逐步转鲜红色。树干表皮常年基本维持鲜红色，6～9月红色变淡，呈微红色或黄色。适宜微酸性、中性土壤。适合列植、片植，具有较高的观赏性。

品种	春季成熟新叶颜色	夏季新叶颜色	叶片形状	初生枝颜色
赣彤2号	浅红色	浅黄色	长圆状卵形	黄色或浅红色
涌金	淡黄色	黄白色	卵形	嫩黄色

7.6 赣彤1号

品种权号： 20190208

植物类别： 林木

年份： 2019

所属属种： 樟属/樟树

培育人： 余发新、钟永达、吴照祥、李彦强、刘立盘、杨爱红、刘淑娟、刘腾云、周华、孙小艳、肖亮、周燕玲、胡淼

品种权人： 江西省科学院生物资源研究所

品种权人类型： 科研院所

省市： 江西省南昌市

申请号： 20180501

申请日： 20180828

授权日： 20190724

授权公告号： 国家林业和草原局公告（2019年第13号）

品种特征特性： 叶椭圆形，尾状渐尖，离基三出脉，背面白色，互生。该变异单株2月下旬至3月上旬新芽萌动，新芽呈粉白色，外面有红色鳞片；展叶期为3月中旬，初生新叶呈黄红色，随着叶片的不断成熟，叶色逐渐变为橘黄色、黄绿色、绿色；夏季新生叶为黄绿色，成熟后转浅绿色、绿色。春季枝条鲜红色，夏季初生新枝为黄色，10月下旬后逐步转鲜红色。树干表皮常年基本维持鲜红色，6～9月红色变淡，呈微红色或黄色。适宜微酸性、中性土壤。适合列植、片植，具有较高的观赏性。

品种	春季新叶颜色	叶片背部颜色	1年生枝颜色	腋芽和叶柄基部颜色
赣彤1号	黄红色	浅灰绿色	黄色或浅红色	深红色
霞光	鲜红色	黄绿色	黄色	无红色

7.7 洪桉樟

品种权号：20180050

植物类别：林木

年份：2018

所属属种：樟属/樟树

培育人：郑钦方、汪冶、杨子云、肖聪颖、杨怡男

品种权人：洪江市金土地生态农业有限责任公司

品种权人类型：企业

省市：湖南省洪江市

申请号：20160189

申请日：20160726

授权日：20180615

授权公告号：国家林业和草原局公告（2018年第11号）

品种特征特性：常绿高大乔木。叶互生，先端通常尾尖至渐尖，革质，上面深绿色，光泽弱，下面通常浅白色，叶片揉碎后具强烈的桉油香气。圆锥花序腋生，总梗长2～6cm，第三轮雄蕊长约1.6mm，花丝近基部有一对具短柄心形腺体。本品种鲜叶背面颜色为浅白色，叶端形态尾尖，叶片光泽度弱，总果柄长2.4～6cm，10片叶厚2.5mm；含挥发油达10%，其中桉叶油醇含量46%以上。洪桉樟与近似种龙脑樟的性状差异如下表。

品种	鲜叶背面颜色	叶尖形态	叶片光泽度	10片叶厚（不过中脉，mm）	总果柄长（cm）	挥发油含量（%）	挥发油性质	挥发油（龙脑）相对含量
洪桉樟	浅白色	尾尖	弱	2.5	2.4～6	10	桉油精	桉叶油醇含量46%以上
龙脑樟	白色	骤凸	中	1.8	7～12	2	龙脑	龙脑含量80%以上

7.8 龙仪芳

品种权号：20170022

植物类别：林木

年份：2017

所属属种：樟属/樟树

培育人：陈乐文、洪伟、吴世华

品种权人：宜兴市香都林业生态科技有限公司

品种权人类型：企业

省市：江苏省宜兴市

申请号：20150009

申请日：20150121

授权日：20171017

授权公告号：国家林业局公告（2017年第17号）

品种特征特性：常绿大乔木。树皮灰褐色或黄褐色，小枝淡褐色，光滑。叶互生，革质，卵状椭圆形至卵形，长7～15cm，宽5～9cm，先端尖；边缘轻微内卷；全缘或呈波状，上面深绿色有光泽，下面灰绿色，无毛，叶背面无白粉，嫩芽幼叶深红色，脉在基部以上三出，脉腋内有隆起的腺体。花小，绿白色，长约2mm；花被5裂，椭圆形，长约3mm；子房卵形，光滑无毛，花柱短；柱头头状。核果球形，熟时紫黑色，果托杯状，果梗不增粗。花期2～4月，果期6～8月。龙仪芳与近似品种龙脑1号及龙脑樟L-1普通樟树相比，其不同点见下表。

性状	龙仪芳	龙脑樟L-1（新晃）	龙脑1号（吉安）
树皮	幼时平滑，成熟纵裂	平滑	纵裂
叶生	叶互生	叶互生	叶对生或近对生
叶形及大小	卵形，先端尖；边缘轻微内卷；长7～15cm，宽8～9cm，叶背面无白粉，嫩芽幼叶深红色	先端骤短尖或长渐尖，尖头常呈镰形，边缘内卷；长6～12cm，宽3.5～6.5cm	先端尖；边缘微波状；长6～12cm，宽2.5～5.5cm
叶脉	离基三出脉	通常羽状脉	离基三出脉

7.9　如玉

品种权号：20170057

植物类别：观赏植物

年份：2017

所属属种：樟属/樟树

培育人：周友平、周卫信、周卫荣、周建荣、方腾、王樟富

品种权人：德兴市荣兴苗木有限责任公司

品种权人类型：企业

省市：江西省上饶市

申请号：20160091

申请日：20160426

授权日：20171017

授权公告号：国家林业局公告（2017年第17号）

品种特征特性：乔木。老树皮黄褐色至灰黄褐色，不规则纵裂；幼树皮绿色，不裂；嫩枝皮初期粉红色，后逐渐变绿色，无毛。叶芽红色至粉红色。叶互生，薄单质，椭圆形至卵圆形；离基三出脉；叶片初展时粉红色，后随叶片逐渐成熟，叶色先从叶肉开始褪去粉红色变成乳黄色，并随着叶绿素的增加最终由黄绿色转成绿色；叶脉早期乳黄色，略透明状，后逐渐呈淡绿色略透明状；叶肉先自中间开始转色，转色过程中叶肉和叶脉间具有明显的粉红色色晕过渡。嫩叶光泽透亮，树冠嫩叶期整体颜色鲜艳明亮。老叶绿色，边缘波状不明显。

凡适宜樟树栽培的区域，均适宜本品种栽培。主要适宜栽培区为长江中下游以南地区的浙江、江苏、上海、湖南、广东、广西、福建等地。栽种环境以低山平原为主，喜温暖湿润气候和肥沃、深厚的酸性土壤或中性土壤，在弱碱性土壤中生长不良。

7.10　盛赣

品种权号：20170058

植物类别：观赏植物

年份：2017

所属属种：樟属/樟树

培育人：周友平、周卫信、周卫荣、周建荣、方腾、王樟富

品种权人：德兴市荣兴苗木有限责任公司

品种权人类型：企业

省市：江西省上饶市

申请号：20160092

申请日：20160426

授权日：20171017

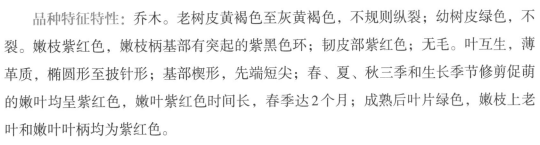

授权公告号：国家林业局公告（2017年第17号）

品种特征特性：乔木。老树皮黄褐色至灰黄褐色，不规则纵裂；幼树皮绿色，不裂。嫩枝紫红色，嫩枝柄基部有突起的紫黑色环；韧皮部紫红色；无毛。叶互生，薄革质，椭圆形至披针形；基部楔形，先端短尖；春、夏、秋三季和生长季节修剪促萌的嫩叶均呈紫红色，嫩叶紫红色时间长，春季达2个月；成熟后叶片绿色，嫩枝上老叶和嫩叶叶柄均为紫红色。

凡适宜樟树栽培的区域，均适宜本品种栽培。主要适宜栽培区为长江中下游以南地区的浙江、江苏、上海、湖南、广东、广西、福建等地。栽种环境以低山平原为主，喜温暖湿润气候和肥沃、深厚的酸性土壤或中性土壤，在弱碱性土壤中生长不良。

7.11 龙脑香樟

品种权号：20150137

植物类别：其他

年份：2015

所属属种：樟属/油樟

培育人：楼天伟、杜美玉、郭有根、宋国荣

品种权人：浙江天树龙脑林业科技开发有限公司

品种权人类型：企业

省市：浙江

申请号：20130176

申请日：20131220

授权日：20151225

授权公告号：国家林业局公告（2015年第22号）

品种特征特性：常绿乔木，高达20m。树皮灰色，平滑。叶互生，叶形先端骤然短渐尖至长渐尖，常呈镰形，长7～13cm，宽3.5～6.5cm，边缘软骨质，内卷，叶面光亮深绿色，背面灰绿色，两面无毛，羽状脉，侧脉每边4～5条，最下一对侧脉有时对生因而呈离基三出脉状，叶柄长2～3.5cm。圆锥花序腋生，细长，长9～20cm，花淡黄色，有香气，花被裂片，卵圆形，外面无毛，内面密被白色绢毛，具腺点。子房卵珠形，幼果球形，绿色，顶端盘状增大，宽达4mm。花期5～6月，果期7～9月。龙脑香樟是从油樟自然授粉群体中发现的变异类型，与近似品种龙脑1号及龙脑樟L-1形态特异性如下表。

分类地位		龙脑1号（吉安）	龙脑香樟	龙脑樟L-1（新晃）
		樟树（*Cinnamomum camphora*）	油樟（*Cinnamomum longepaniculatum*）	樟树（*Cinnamomum camphora*）
外观特征	树皮	纵裂	光滑	纵裂
	叶着生	叶互生	叶互生	叶互生
	叶形及大小	先端尖；边缘微波状；长6～12cm，宽2.5～5.5cm	先端骤短渐尖或长渐尖，尖头常呈镰形，长7～13cm，宽3.5～6.5cm	先端短渐尖，基部楔形或近圆形；长6～12cm，宽3～6cm
	叶脉	离基三出脉	通常羽状脉	离基三出脉
	花序	花序长3～10cm	花序细长，长9～20cm	花序长6～12cm
	花被裂片	椭圆形，内面密被短柔毛，无腺点	卵圆形，内面密被白色绢毛，具腺点	卵圆形，内面密被短柔毛，无腺点
		果时花被裂片脱落	果时花被裂片脱落	果时花被裂片脱落
	花丝基部	无脉体	花丝基部有一对具短柄的圆状脉体	无缘体
	子房	球形	卵珠形	球形
	果托	杯状，顶端平截	盘状	杯状

7.12　千叶香

品种权号：20150035

植物类别：林木

年份：2015

所属属种：樟属/黄樟

培育人：罗忠生、彭招兰、龙光远、
蒋志茵、黄逢龙、郭逸榴、吴茂隆、李
燕山

品种权人：吉安市林业科学研究所

品种权人类型：科研院所

省市：江西省吉安市

申请号：20140035

申请日：20140225

授权日：20150914

授权公告号：国家林业局公告（2015年第18号）

品种特征特性：千叶香为黄樟中富含右旋芳樟醇的特异化学型，叶具有芳樟醇特
有香气，其他类型的黄樟中不具有芳樟醇气味（有樟脑、柑、姜等气味），与芳樟比
较的主要不同点如下表。

性状		千叶香	芳樟
分类地位		黄樟 *Cinnamonmum porrectum*	樟 *C. camphora*
外观形态	叶形大小	椭圆状卵形或长椭状圆卵形，长6～16cm，宽3～8cm	卵形或卵状椭圆形，边缘微波状，长6～12cm，宽2.5～5.5cm
	叶脉	羽状脉，侧脉4～5对，脉腋无腺窝	多近离基三出脉，脉腋有明显的腺窝
	花被裂片	宽长椭圆形，具点，先端钝形	椭圆形，无腺点，果时花被片脱落
	果托	狭长倒锥形	杯状，顶端平截
	果期	6～9月	10～11月
其他特征说明		叶具芳樟醇特有香气，提取叶油测定主成分为右旋芳樟醇	叶具芳樟醇特有香气，提取叶油测定主成分为左旋芳樟醇

7.13　御黄

品种权号：20140054

植物类别：观赏植物

年份：2014

所属属种：樟属/樟树

培育人：王建军、黄华宏、王爱军、周和锋、张波、李修鹏

品种权人：宁波市林业局林特种苗繁育中心

品种权人类型：其他

省市：浙江省宁波市

申请号：20130043

申请日：20130423

授权日：20140627

授权公告号：国家林业局公告（2014年第10号）

品种特征特性：高大乔木，树皮黄色或棕色。小枝红色。叶近革质，狭长形，长10～11cm，宽4.5～5.5cm，新叶纯鹑黄色，成熟后呈黄色或浅黄色。御黄是涌金自然杂交的种子播种后培育的新品种，与近似品种比较的主要不同点如下表。

性状	涌金	卸黄
初生枝条颜色	嫩黄色	红色
春芽形状	细长	粗壮
春芽颜色	嫩黄色	淡红色
春季新叶初展颜色	金黄色	鹅黄色
夏季成熟叶片颜色	浅黄色	浅绿色
叶形	卵形（长6～8cm，宽4～5cm）	狭长形（长8～10cm，宽4～5cm）
叶柄与枝柄基部	有明显的凸起红色环	有明显的凸起紫色环

7.14 霞光

品种权号：20120074

植物类别：观赏植物

年份：2012

所属属种：樟属/樟树

培育人：王建军、汤社平、王爱军

品种权人：宁波市林业局林特种苗繁育中心

品种权人类型：其他

省市：浙江省宁波市

申请号：20110025

申请日：20110503

授权日：20120731

授权公告号：1208

品种特征特性：乔木，树皮黄色或棕色。小枝红色。叶近革质，窄卵形，春季新叶艳红色或鲜红色，成熟后呈暗红色或橙黄色。花序腋生，长4~7cm，金黄色；花金黄色，长3mm；花梗金黄色，长1~2mm；花期4~5月。霞光是从品种涌金种子实生苗中选育获得的。与近似品种'涌金'比较的不同点如下。

品种名称	小枝颜色	春季新叶叶色	春季成熟叶叶色	叶形	新生枝基部
霞光	鲜红色	鲜红色	暗红或橙黄色	长卵形	红色环不显著
涌金	黄色至浅红色	金黄色	淡黄色	卵形	红色环显著

7.15 龙脑1号

品种权号：20110010

品种名称：龙脑1号

植物类别：其他

年份：2011

所属属种：樟属/樟树

培育人：龙光远、郭德选、彭招兰、刘大椿、罗忠生、郭志文、欧阳少林、李牛贵、刘银苟、周锡祥

品种权人：吉安市林业科学研究所

品种权人类型：科研院所

省市：江西省吉安市

申请号：20090034

申请日：20091101

授权日：20110304

授权公告号：1107

品种特征特性：龙脑1号是从樟树自然授粉群体中发现的特异类型，其自然授粉种子育苗子代仍为龙脑樟的比例为20%～60%，因而分类培育和经营必须在苗期采用闻香法进行分类剔除其他类型的苗木。樟树的5个类型在外观上没有差异，无法从外观上区别。5个类型分类依据叶精油主成分划分，龙脑型樟树叶油含右旋龙脑52%～91%。龙脑1号与新晃龙脑樟及阴香比较的不同点如下表。'龙脑1号'喜温暖湿润气候和肥沃深厚的酸性土或中性沙壤土。

分类地位	龙脑1号	新晃龙脑樟	阴香
	樟树（*Cinnamomum camphora*）	油樟（*Cinnamomum longepaniculatum*）	阴香（*Cinnamomum burmanii*）
树皮	纵裂	平滑	光滑
叶着生	叶互生	叶互生	叶对生或近对生
叶形及大小	先端尖，边缘微波状，长6～12cm，宽2.5～5.5cm	先端聚短渐尖或长渐尖，尖头常呈镰形，边缘内卷，长6～12cm，宽3.5～6.5cm	先端短尖，基部宽楔形，长5～12cm，宽2～5cm
叶脉	离基三出脉	通常羽状脉	离基三出脉
芽鳞	明显	明显	少数
花序	花序长，3～10cm	花序细长，9～20cm	3～6cm
花被裂片	椭圆形，内面密被短柔毛，无腺点	卵圆形，内面密被白色绢毛，具腺点	两面密被灰白色微柔毛
	果时花被裂片脱落	果时花被裂片脱落	果时花被裂片宿存或下半部残存于花被筒上
花丝基部	无腺体	花丝基部有一对具短柄的圆状肾形腺体	无腺体
子房	球形	卵珠形	近球形
果托	杯状，顶端平截	盘状	6齿裂，齿端平截

7.16 焰火香樟

品种权号：20100002

植物类别：观赏植物

年份：2010

所属属种：樟属/樟树

培育人：董义大

品种权人：董义大

品种权人类型：个人

省市：湖北省武汉市

申请号：20080043

申请日：20080910

授权日：20101228

授权公告号：1007

品种特征特性：本品种色泽鲜艳，成叶淡绿，幼叶春天鲜红，秋天紫红；枝条伞头下垂，类似垂柳，四季不落叶；树叶第一侧脉对称，从第二侧脉开始互生，叶柄长，叶脉粗，叶排列不规则，叶片呈幼圆形或椭圆状卵形，颜色比普通香樟树淡，枝条软；树高可控，不再向上生长；经多年观察与普通樟属对比，抗寒能力强。

7.17　涌金

品种权号：20090009

植物类别：观赏植物

年份：2009

所属属种：樟属/樟树

培育人：王建军

品种权人：宁波市林业局林特种苗繁育中心

品种权人类型：其他

省市：浙江省宁波市

申请号：20080044

申请日：20080905

授权日：20091331

授权公告号：1003

品种特征特性：乔木，树皮黄色或棕色。小枝红色。叶近革质，卵形，长6～8cm，宽3～4cm，新叶金黄色，成熟后呈淡黄色。花序腋生，长4～7cm，金黄色；花金黄色，长3mm、花梗金黄色，长1～2mm。果扁圆形，径8～9mm，紫褐色或紫红色；果柄长0.8～0.8cm，黄色；果梗长4～5cm，黄色；果托杯状，黄色。花期3～5月，果期6～12月。涌金枝初生时为嫩黄色，未木栓化时为红色，木栓化时为黄色或棕色，香樟分别为淡绿色或粉红色、绿色、黑色；涌金春季新叶初展为金黄色，成熟为淡黄色，香樟分别为绿色或粉红色、深绿色。涌金夏季新叶初展为米黄色或黄白色，成熟为浅黄色，香樟分别为绿色、深绿色；涌金花、花柄、花梗均为金黄色，香樟均为浅绿色；涌金未成熟的果皮为淡黄色，果柄为金黄色（如玉质），果梗为金黄色（如玉质），香樟均为绿色；涌金成熟的果皮为紫红色或紫褐色，果柄为黄色，果梗为黄色，香樟分别为紫黑色、淡绿色、淡绿色。一致性：本品种的所有嫁接、扦插苗，其叶芽、叶片、叶脉、叶柄、枝干颜色以及叶色和枝干颜色的季相变化均表现一致。稳定性：本品种自发现10年来，其独特的金黄色叶片、鲜红色的枝干及季相变化等均能一致、稳定地表现相同性状；本品种母树于2007年3月开始开花，经过了2008年，2年间其花期、花色、花果、果柄与果梗颜色等也均能一致地表现相同性状。本品种的枝穗通过嫁接或扦插后，母本的优良性状均能在后代中得以体现。通过将繁育的幼苗在不同环境下进行栽种试验，母树的各种性状也能在幼树中得到稳定表现。

7.18　龙樟脑L-1

品种权号：20090001

植物类别：其他

年份：2009

所属属种：樟属/油樟

培育人：宁石林、何洪城、孙秀泉、姚城伍、殷菲、刘清华

品种权人：湖南省新晃侗族自治县龙脑开发有限责任公司

品种权人类型：企业

省市：湖南省怀化市

申请号：20080008

申请日：20080217

授权日：20091231

授权公告号：1003

品种特征特性：常绿乔木，树冠庞大，宽卵形。幼树树皮青嫩，微显红褐色，平滑有光，成年树树皮灰褐色，有规则的纵裂纹。叶薄革质，互生，椭圆形，长6～12cm，宽3～6cm，叶背灰绿色，两面无毛，先端短渐尖，基部楔形、鲜叶下面无白粉，光滑，边缘波状；芽苞深绿色。花絮长4～7cm，花黄绿色。果球形，成熟时紫黑色，果托杯状，果梗不增粗。龙脑樟L-1是进行林业资源普查时发现的含有右旋龙脑的母树，从该母树上剪取部分枝条进行无性系扦插育种获得的。'龙脑樟L-1'与普通樟树比较的不同点：'龙脑樟L-1'叶基部楔形，无白粉；普通樟树叶基部椭圆形，有白粉；'龙脑樟L-1'芽苞深绿色，普通樟树芽苞青绿色；'龙脑樟L-1'右旋龙脑含量2%～3%，普通樟树不含右旋龙脑。'龙脑樟L-1'适宜土质疏松，通气良好的土壤条件。

主要参考文献

毕文停, 2021. 我国植物新品种保护实践研究 [D]. 北京 : 中国农业科学院.

龙三群, 2019. 林业植物新品种保护成效显著 [J]. 中国花卉园艺 (15): 15–16.

中国科学院中国植物志编辑委员会, 1993. 中国植物志 [M]. 北京 : 科学出版社.

徐海宁, 舒长泉, 颜聪, 等, 2022. 猴樟叶精油成分组成与化学型分析 [J]. 南方林业科学, 50(5): 32–35, 48.

符潮, 袁佛根, 刘倩, 等, 2022. 麻栗坡柴桂种群调查及叶精油分析研究 [J]. 南方林业科学, 50(5): 36–39.

肖祖飞, 李凤, 张北红, 等, 2022. 樟组 8 种常见香料用树种的化学型订名 [J]. 江西科学, 40(1): 45–50.

姜睿, 张北红, 彭艺, 等, 2021. 濒危树种细毛樟研究进展 [J]. 安徽农学通报, 27(16): 80–82, 114.

吴航, 王建军, 刘驰, 等, 1992. 黄樟化学型的研究 [J]. 植物资源与环境 (4): 45–49.

吴航, 朱亮锋, 李毓敬, 1992. 阴香种内化学型的研究 [J]. 植物学报 (4): 302–308.

张海燕, 张北红, 张杰, 等, 2019. 柠檬醛化学型樟属植物资源的筛选及前景分析 [J]. 南昌工程学院学报, 38(3): 50–53.

李捷, 李锡文, 2004. 世界樟科植物系统学研究进展 [J]. 云南植物研究 (1): 1–11.

程必强, 喻学俭, 丁靖垲, 1997. 中国樟属植物资源及其芳香成分 [M]. 昆明 : 云南科技出版社.

王汝锋, 崔野韩, 吕波, 等, 2004. 植物新品种特异性、一致性、稳定性测试指南 总则 [M]. 北京 : 中国标准出版社.

任华东, 姚小华, 王开良, 等, 2020. 植物新品种特异性、一致性、稳定性测试指南 樟属 [M]. 北京 : 中国标准出版社.

郑勇奇, 张川红, 2015. 植物新品种保护与测试技术研究 [M]. 北京 : 中国农业出版社.

附　录

附录1　中华人民共和国植物新品种保护条例

（1997年3月20日中华人民共和国国务院令第213号公布　根据2013年1月31日《国务院关于修改〈中华人民共和国植物新品种保护条例〉的决定》第一次修订　根据2014年7月29日《国务院关于修改部分行政法规的决定》第二次修订）

第一章　总　则

第一条　为了保护植物新品种权，鼓励培育和使用植物新品种，促进农业、林业的发展，制定本条例。

第二条　本条例所称植物新品种，是指经过人工培育的或者对发现的野生植物加以开发，具备新颖性、特异性、一致性和稳定性并有适当命名的植物品种。

第三条　国务院农业、林业行政部门(以下统称审批机关)按照职责分工共同负责植物新品种权申请的受理和审查并对符合本条例规定的植物新品种授予植物新品种权(以下称品种权)。

第四条　完成关系国家利益或者公共利益并有重大应用价值的植物新品种育种的单位或者个人，由县级以上人民政府或者有关部门给予奖励。

第五条　生产、销售和推广被授予品种权的植物新品种(以下称授权品种)，应当按照国家有关种子的法律、法规的规定审定。

第二章　品种权的内容和归属

第六条　完成育种的单位或者个人对其授权品种，享有排他的独占权。任何单位或者个人未经品种权所有人(以下称品种权人)许可，不得为商业目的生产或者销售该授权品种的繁殖材料，不得为商业目的将该授权品种的繁殖材料重复使用于生产另一品种的繁殖材料；但是，本条例另有规定的除外。

第七条　执行本单位的任务或者主要是利用本单位的物质条件所完成的职务育种，植物新品种的申请权属于该单位；非职务育种，植物新品种的申请权属于完成育种的个人。申请被批准后，品种权属于申请人。

委托育种或者合作育种，品种权的归属由当事人在合同中约定；没有合同约定

的，品种权属于受委托完成或者共同完成育种的单位或者个人。

第八条　一个植物新品种只能授予一项品种权。两个以上的申请人分别就同一个植物新品种申请品种权的，品种权授予最先申请的人；同时申请的，品种权授予最先完成该植物新品种育种的人。

第九条　植物新品种的申请权和品种权可以依法转让。

中国的单位或者个人就其在国内培育的植物新品种向外国人转让申请权或者品种权的，应当经审批机关批准。

国有单位在国内转让申请权或者品种权的，应当按照国家有关规定报经有关行政主管部门批准。

转让申请权或者品种权的，当事人应当订立书面合同，并向审批机关登记，由审批机关予以公告。

第十条　在下列情况下使用授权品种的，可以不经品种权人许可，不向其支付使用费，但是不得侵犯品种权人依照本条例享有的其他权利：

（一）利用授权品种进行育种及其他科研活动；

（二）农民自繁自用授权品种的繁殖材料。

第十一条　为了国家利益或者公共利益，审批机关可以作出实施植物新品种强制许可的决定，并予以登记和公告。

取得实施强制许可的单位或者个人应当付给品种权人合理的使用费，其数额由双方商定；双方不能达成协议的，由审批机关裁决。

品种权人对强制许可决定或者强制许可使用费的裁决不服的，可以自收到通知之日起3个月内向人民法院提起诉讼。

第十二条　不论授权品种的保护期是否届满，销售该授权品种应当使用其注册登记的名称。

第三章　授予品种权的条件

第十三条　申请品种权的植物新品种应当属于国家植物品种保护名录中列举的植物的属或者种。植物品种保护名录由审批机关确定和公布。

第十四条　授予品种权的植物新品种应当具备新颖性。新颖性，是指申请品种权的植物新品种在申请日前该品种繁殖材料未被销售，或者经育种者许可，在中国境内

销售该品种繁殖材料未超过1年；在中国境外销售藤本植物、林木、果树和观赏树木品种繁殖材料未超过6年，销售其他植物品种繁殖材料未超过4年。

第十五条　授予品种权的植物新品种应当具备特异性。特异性，是指申请品种权的植物新品种应当明显区别于在递交申请以前已知的植物品种。

第十六条　授予品种权的植物新品种应当具备一致性。一致性，是指申请品种权的植物新品种经过繁殖，除可以预见的变异外，其相关的特征或者特性一致。

第十七条　授予品种权的植物新品种应当具备稳定性。稳定性，是指申请品种权的植物新品种经过反复繁殖后或者在特定繁殖周期结束时，其相关的特征或者特性保持不变。

第十八条　授予品种权的植物新品种应当具备适当的名称，并与相同或者相近的植物属或者种中已知品种的名称相区别。该名称经注册登记后即为该植物新品种的通用名称。

下列名称不得用于品种命名：

（一）仅以数字组成的；

（二）违反社会公德的；

（三）对植物新品种的特征、特性或者育种者的身份等容易引起误解的。

第四章　品种权的申请和受理

第十九条　中国的单位和个人申请品种权的，可以直接或者委托代理机构向审批机关提出申请。

中国的单位和个人申请品种权的植物新品种涉及国家安全或者重大利益需要保密的，应当按照国家有关规定办理。

第二十条　外国人、外国企业或者外国其他组织在中国申请品种权的，应当按其所属国和中华人民共和国签订的协议或者共同参加的国际条约办理，或者根据互惠原则，依照本条例办理。

第二十一条　申请品种权的，应当向审批机关提交符合规定格式要求的请求书、说明书和该品种的照片。

申请文件应当使用中文书写。

第二十二条　审批机关收到品种权申请文件之日为申请日；申请文件是邮寄的，

以寄出的邮戳日为申请日。

第二十三条　申请人自在外国第一次提出品种权申请之日起12个月内，又在中国就该植物新品种提出品种权申请的，依照该外国同中华人民共和国签订的协议或者共同参加的国际条约，或者根据相互承认优先权的原则，可以享有优先权。

申请人要求优先权的，应当在申请时提出书面说明，并在3个月内提交经原受理机关确认的第一次提出的品种权申请文件的副本；未依照本条例规定提出书面说明或者提交申请文件副本的，视为未要求优先权。

第二十四条　对符合本条例第二十一条规定的品种权申请，审批机关应当予以受理，明确申请日、给予申请号，并自收到申请之日起1个月内通知申请人缴纳申请费。

对不符合或者经修改仍不符合本条例第二十一条规定的品种权申请，审批机关不予受理，并通知申请人。

第二十五条　申请人可以在品种权授予前修改或者撤回品种权申请。

第二十六条　中国的单位或者个人将国内培育的植物新品种向国外申请品种权的，应当按照职责分工向省级人民政府农业、林业行政部门登记。

第五章　品种权的审查与批准

第二十七条　申请人缴纳申请费后，审批机关对品种权申请的下列内容进行初步审查：

（一）是否属于植物品种保护名录列举的植物属或者种的范围；

（二）是否符合本条例第二十条的规定；

（三）是否符合新颖性的规定；

（四）植物新品种的命名是否适当。

第二十八条　审批机关应当自受理品种权申请之日起6个月内完成初步审查。对经初步审查合格的品种权申请，审批机关予以公告，并通知申请人在3个月内缴纳审查费。

对经初步审查不合格的品种权申请，审批机关应当通知申请人在3个月内陈述意见或者予以修正；逾期未答复或者修正后仍然不合格的，驳回申请。

第二十九条　申请人按照规定缴纳审查费后，审批机关对品种权申请的特异性、一致性和稳定性进行实质审查。

申请人未按照规定缴纳审查费的，品种权申请视为撤回。

第三十条　审批机关主要依据申请文件和其他有关书面材料进行实质审查。审批机关认为必要时，可以委托指定的测试机构进行测试或者考察业已完成的种植或者其他试验的结果。

因审查需要，申请人应当根据审批机关的要求提供必要的资料和该植物新品种的繁殖材料。

第三十一条　对经实质审查符合本条例规定的品种权申请，审批机关应当作出授予品种权的决定，颁发品种权证书，并予以登记和公告。

对经实质审查不符合本条例规定的品种权申请，审批机关予以驳回，并通知申请人。

第三十二条　审批机关设立植物新品种复审委员会。

对审批机关驳回品种权申请的决定不服的，申请人可以自收到通知之日起3个月内，向植物新品种复审委员会请求复审。植物新品种复审委员会应当自收到复审请求书之日起6个月内作出决定，并通知申请人。

申请人对植物新品种复审委员会的决定不服的，可以自接到通知之日起15日内向人民法院提起诉讼。

第三十三条　品种权被授予后，在自初步审查合格公告之日起至被授予品种权之日止的期间，对未经申请人许可，为商业目的生产或者销售该授权品种的繁殖材料的单位和个人，品种权人享有追偿的权利。

第六章　期限、终止和无效

第三十四条　品种权的保护期限，自授权之日起，藤本植物、林木、果树和观赏树木为20年，其他植物为15年。

第三十五条　品种权人应当自被授予品种权的当年开始缴纳年费，并且按照审批机关的要求提供用于检测的该授权品种的繁殖材料。

第三十六条　有下列情形之一的，品种权在其保护期限届满前终止：

（一）品种权人以书面声明放弃品种权的；

（二）品种权人未按照规定缴纳年费的；

（三）品种权人未按照审批机关的要求提供检测所需的该授权品种的繁殖材料的；

（四）经检测该授权品种不再符合被授予品种权时的特征和特性的。

品种权的终止，由审批机关登记和公告。

第三十七条　自审批机关公告授予品种权之日起，植物新品种复审委员会可以依据职权或者依据任何单位或者个人的书面请求，对不符合本条例第十四条、第十五条、第十六条和第十七条规定的，宣告品种权无效；对不符合本条例第十八条规定的，予以更名。宣告品种权无效或者更名的决定，由审批机关登记和公告，并通知当事人。

对植物新品种复审委员会的决定不服的，可以自收到通知之日起3个月内向人民法院提起诉讼。

第三十八条　被宣告无效的品种权视为自始不存在。

宣告品种权无效的决定，对在宣告前人民法院作出并已执行的植物新品种侵权的判决、裁定，省级以上人民政府农业、林业行政部门作出并已执行的植物新品种侵权处理决定，以及已经履行的植物新品种实施许可合同和植物新品种权转让合同，不具有追溯力；但是，因品种权人的恶意给他人造成损失的，应当给予合理赔偿。

依照前款规定，品种权人或者品种权转让人不向被许可实施人或者受让人返还使用费或者转让费，明显违反公平原则的，品种权人或者品种权转让人应当向被许可实施人或者受让人返还全部或者部分使用费或者转让费。

第七章　罚　则

第三十九条　未经品种权人许可，以商业目的生产或者销售授权品种的繁殖材料的，品种权人或者利害关系人可以请求省级以上人民政府农业、林业行政部门依据各自的职权进行处理，也可以直接向人民法院提起诉讼。

省级以上人民政府农业、林业行政部门依据各自的职权，根据当事人自愿的原则，对侵权所造成的损害赔偿可以进行调解。调解达成协议的，当事人应当履行；调解未达成协议的，品种权人或者利害关系人可以依照民事诉讼程序向人民法院提起诉讼。

省级以上人民政府农业、林业行政部门依据各自的职权处理品种权侵权案件时，为维护社会公共利益，可以责令侵权人停止侵权行为，没收违法所得和植物品种繁殖材料；货值金额5万元以上的，可处货值金额1倍以上5倍以下的罚款；没有货值金额

或者货值金额5万元以下的，根据情节轻重，可处25万元以下的罚款。

第四十条　假冒授权品种的，由县级以上人民政府农业、林业行政部门依据各自的职权责令停止假冒行为，没收违法所得和植物品种繁殖材料；货值金额5万元以上的，处货值金额1倍以上5倍以下的罚款；没有货值金额或者货值金额5万元以下的，根据情节轻重，处25万元以下的罚款；情节严重，构成犯罪的，依法追究刑事责任。

第四十一条　省级以上人民政府农业、林业行政部门依据各自的职权在查处品种权侵权案件和县级以上人民政府农业、林业行政部门依据各自的职权在查处假冒授权品种案件时，根据需要，可以封存或者扣押与案件有关的植物品种的繁殖材料，查阅、复制或者封存与案件有关的合同、账册及有关文件。

第四十二条　销售授权品种未使用其注册登记的名称的，由县级以上人民政府农业、林业行政部门依据各自的职权责令限期改正，可以处1000元以下的罚款。

第四十三条　当事人就植物新品种的申请权和品种权的权属发生争议的，可以向人民法院提起诉讼。

第四十四条　县级以上人民政府农业、林业行政部门的及有关部门的工作人员滥用职权、玩忽职守、徇私舞弊、索贿受贿，构成犯罪的，依法追究刑事责任；尚不构成犯罪的，依法给予行政处分。

第八章　附　则

第四十五条　审批机关可以对本条例施行前首批列入植物品种保护名录的和本条例施行后新列入植物品种保护名录的植物属或者种的新颖性要求作出变通性规定。

第四十六条　本条例自1997年10月1日起施行。

附录2　中华人民共和国植物新品种保护条例实施细则（林业部分）

（1999年8月10日国家林业局令第3号；2011年1月25日国家林业局令第26号修改）

第一章　总　则

第一条　根据《中华人民共和国植物新品种保护条例》（以下简称《条例》），制定本细则。

第二条　本细则所称植物新品种，是指符合《条例》第二条规定的林木、竹、木质藤本、木本观赏植物（包括木本花卉）、果树（干果部分）及木本油料、饮料、调料、木本药材等植物品种。

植物品种保护名录由国家林业局确定和公布。

第三条　国家林业局依照《条例》和本细则规定受理、审查植物新品种权的申请并授予植物新品种权（以下简称品种权）。

国家林业局植物新品种保护办公室（以下简称植物新品种保护办公室），负责受理和审查本细则第二条规定的植物新品种的品种权申请，组织与植物新品种保护有关的测试、保藏等业务，按国家有关规定承办与植物新品种保护有关的国际事务等具体工作。

第二章　品种权的内容和归属

第四条　《条例》所称的繁殖材料，是指整株植物（包括苗木）、种子（包括根、茎、叶、花、果实等）以及构成植物体的任何部分（包括组织、细胞）。

第五条　《条例》第七条所称的职务育种是指：

（一）在本职工作中完成的育种；

（二）履行本单位分配的本职工作之外的任务所完成的育种；

（三）离开原单位后3年内完成的与其在原单位承担的本职工作或者分配的任务有关的育种；

（四）利用本单位的资金、仪器设备、试验场地、育种资源和其他繁殖材料及不对外公开的技术资料等所完成的育种。

除前款规定情形之外的，为非职务育种。

第六条　《条例》所称完成植物新品种育种的人、品种权申请人、品种权人，均包括单位或者个人。

第七条　两个以上申请人就同一个植物新品种在同一日分别提出品种权申请的，植物新品种保护办公室可以要求申请人自行协商确定申请权的归属；协商达不成一致意见的，植物新品种保护办公室可以要求申请人在规定的期限内提供证明自己是最先完成该植物新品种育种的证据；逾期不提供证据的，视为放弃申请。

第八条　中国的单位或者个人就其在国内培育的植物新品种向外国人转让申请权或者品种权的，应当报国家林业局批准。

转让申请权或者品种权的，当事人应当订立书面合同，向国家林业局登记，并由国家林业局予以公告。

转让申请权或者品种权的，自登记之日起生效。

第九条　依照《条例》第十一条规定，有下列情形之一的，国家林业局可以作出或者依当事人的请求作出实施植物新品种强制许可的决定：

（一）为满足国家利益或者公共利益等特殊需要；

（二）品种权人无正当理由自己不实施或者实施不完全，又不许可他人以合理条件实施的。

请求植物新品种强制许可的单位或者个人，应当向国家林业局提出强制许可请求书，说明理由并附具有关证明材料各一式两份。

第十条　按照《条例》第十一条第二款规定，请求国家林业局裁决植物新品种强制许可使用费数额的，当事人应当提交裁决请求书，并附具不能达成协议的有关材料。国家林业局自收到裁决请求书之日起3个月内作出裁决并通知有关当事人。

第三章　授予品种权的条件

第十一条　授予品种权的，应当符合《条例》第十三条、第十四条、第十五条、第十六条、第十七条、第十八条和本细则第二条的规定。

第十二条　依照《条例》第四十五条的规定，对《条例》施行前首批列入植物品

种保护名录的和《条例》施行后新列入植物品种保护名录的属或者种的植物品种，自名录公布之日起一年内提出的品种权申请，经育种人许可，在中国境内销售该品种的繁殖材料不超过4年的，视为具有新颖性。

第十三条　除《条例》第十八条规定的以外，有下列情形之一的，不得用于植物新品种命名：

（一）违反国家法律、行政法规规定或者带有民族歧视性的；

（二）以国家名称命名的；

（三）以县级以上行政区划的地名或者公众知晓的外国地名命名的；

（四）同政府间国际组织或者其他国际知名组织的标识名称相同或者近似的；

（五）属于相同或者相近植物属或者种的已知名称的。

第四章　品种权的申请和受理

第十四条　中国的单位和个人申请品种权的，可以直接或者委托代理机构向国家林业局提出申请。

第十五条　中国的单位和个人申请品种权的植物品种，如涉及国家安全或者重大利益需要保密的，申请人应当在请求书中注明，植物新品种保护办公室应当按国家有关保密的规定办理，并通知申请人；植物新品种保护办公室认为需要保密而申请人未注明的，按保密申请办理，并通知有关当事人。

第十六条　外国人、外国企业或者其他外国组织向国家林业局提出品种权申请和办理其他品种权事务的，应当委托代理机构办理。

第十七条　申请人委托代理机构向国家林业局申请品种权或者办理其他有关事务的，应当提交委托书，写明委托权限。

申请人为两个以上而未委托代理机构代理的，应当书面确定一方为代表人。

第十八条　申请人申请品种权时，应当向植物新品种保护办公室提交国家林业局规定格式的请求书、说明书以及符合本细则第十九条规定的照片各一式两份。

第十九条　《条例》第二十一条所称的照片，应当符合以下要求：

（一）有利于说明申请品种权的植物品种的特异性；

（二）一种性状的对比应在同一张照片上；

（三）照片应为彩色；

（四）照片规格为8.5厘米×12.5厘米或者10厘米×15厘米。

照片应当附有简要文字说明；必要时，植物新品种保护办公室可以要求申请人提供黑白照片。

第二十条　品种权的申请文件有下列情形之一的，植物新品种保护办公室不予受理：

（一）内容不全或者不符合规定格式的；

（二）字迹不清或者有严重涂改的；

（三）未使用中文的。

第二十一条　植物新品种保护办公室可以要求申请人送交申请品种权的植物品种和对照品种的繁殖材料，用于审查和检测。

第二十二条　申请人应当自收到植物新品种保护办公室通知之日起3个月内送交繁殖材料。送交种子的，申请人应当送至植物新品种保护办公室指定的保藏机构；送交无性繁殖材料的，申请人应当送至植物新品种办公室指定的测试机构。

申请人逾期不送交繁殖材料的，视为放弃申请。

第二十三条　申请人送交的繁殖材料应当依照国家有关规定进行检疫；应检疫而未检疫或者检疫不合格的，保藏机构或者测试机构不予接收。

第二十四条　申请人送交的繁殖材料不能满足测试或者检测需要以及不符合要求的，植物新品种保护办公室可以要求申请人补交。

申请人三次补交繁殖材料仍不符合规定的，视为放弃申请。

第二十五条　申请人送交的繁殖材料应当符合下列要求：

（一）与品种权申请文件中所描述的该植物品种的繁殖材料相一致；

（二）最新收获或者采集的；

（三）无病虫害；

（四）未进行药物处理。

申请人送交的繁殖材料已经进行了药物处理，应当附有使用药物的名称、使用的方法和目的。

第二十六条　保藏机构或者测试机构收到申请人送交的繁殖材料的，应当向申请人出具收据。

保藏机构或者测试机构对申请人送交的繁殖材料经检测合格的，应当出具检验合

格证明，并报告植物新品种保护办公室；经检测不合格的，应当报告植物新品种保护办公室，由其按照有关规定处理。

第二十七条　保藏机构或者测试机构对申请人送交的繁殖材料，在品种权申请的审查期间和品种权的有效期限内，应当保密和妥善保管。

第二十八条　在中国没有经常居所或者营业所的外国人、外国企业或者其他外国组织申请品种权或者要求优先权的，植物新品种保护办公室可以要求其提供下列文件：

（一）国籍证明；

（二）申请人是企业或者其他组织的，其营业所或者总部所在地的证明文件；

（三）外国人、外国企业、外国其他组织的所属国承认中国的单位和个人可以按照该国国民的同等条件，在该国享有植物新品种的申请权、优先权和其他与品种权有关的证明文件。

第二十九条　申请人向国家林业局提出品种权申请之后，又向外国申请品种权的，可以请求植物新品种保护办公室出具优先权证明文件；符合条件的，植物新品种保护办公室应当出具优先权证明文件。

第三十条　申请人撤回品种权申请的，应当向国家林业局提出撤回申请，写明植物品种名称、申请号和申请日。

第三十一条　中国的单位和个人将在国内培育的植物新品种向国外申请品种权的，应当向国家林业局登记。

第五章　品种权的审查批准

第三十二条　国家林业局对品种权申请进行初步审查时，可以要求申请人就有关问题在规定的期限内提出陈述意见或者予以修正。

第三十三条　一件品种权申请包括二个以上品种权申请的，在实质审查前，植物新品种保护办公室应当要求申请人在规定的期限内提出分案申请；申请人在规定的期限内对其申请未进行分案修正或者期满未答复的，该申请视为放弃。

第三十四条　依照本细则第三十三条规定提出的分案申请，可以保留原申请日；享有优先权的，可保留优先权日，但不得超出原申请的范围。

分案申请应当依照《条例》及本细则的有关规定办理各种手续。

分案申请的请求书中应当写明原申请的申请号和申请日。原申请享有优先权的，应当提交原申请的优先权文件副本。

第三十五条　经初步审查符合《条例》和本细则规定条件的品种权申请，由国家林业局予以公告。

自品种权申请公告之日起至授予品种权之日前，任何人均可以对不符合《条例》和本细则规定的品种权申请向国家林业局提出异议，并说明理由。

第三十六条　品种权申请文件的修改部分，除个别文字修改或者增删外，应当按照规定格式提交替换页。

第三十七条　经实质审查后，符合《条例》规定的品种权申请，由国家林业局作出授予品种权的决定，向品种权申请人颁发品种权证书，予以登记和公告。

品种权人应当自收到领取品种权证书通知之日起3个月内领取品种权证书，并按照国家有关规定缴纳第一年年费。逾期未领取品种权证书并未缴纳年费的，视为放弃品种权，有正当理由的除外。

品种权自作出授予品种权的决定之日起生效。

第三十八条　国家林业局植物新品种复审委员会（以下简称复审委员会）由植物育种专家、栽培专家、法律专家和有关行政管理人员组成。

复审委员会主任委员由国家林业局主要负责人指定。

植物新品种保护办公室根据复审委员会的决定办理复审的有关事宜。

第三十九条　依照《条例》第三十二条第二款的规定向复审委员会请求复审的，应当提交符合国家林业局规定格式的复审请求书，并附具有关的证明材料。复审请求书和证明材料应当各一式两份。

申请人请求复审时，可以修改被驳回的品种权申请文件，但修改仅限于驳回申请的决定所涉及的部分。

第四十条　复审请求不符合规定要求的，复审请求人可以在复审委员会指定的期限内补正；期满未补正或者补正后仍不符合规定要求的，该复审请求视为放弃。

第四十一条　复审请求人在复审委员会作出决定前，可以撤回其复审请求。

第六章　品种权的终止和无效

第四十二条　依照《条例》第三十六条规定，品种权在其保护期限届满前终止的，其终止日期为：

（一）品种权人以书面声明放弃品种权的，自声明之日起终止；

（二）品种权人未按照有关规定缴纳年费的，自补缴年费期限届满之日起终止；

（三）品种权人未按照要求提供检测所需的该授权品种的繁殖材料或者送交的繁殖材料不符合要求的，国家林业局予以登记，其品种权自登记之日起终止；

（四）经检测该授权品种不再符合被授予品种权时的特征和特性的，自国家林业局登记之日起终止。

第四十三条　依照《条例》第三十七条第一款的规定，任何单位或者个人请求宣告品种权无效的，应当向复审委员会提交国家林业局规定格式的品种权无效宣告请求书和有关材料各一式两份，并说明所依据的事实和理由。

第四十四条　已授予的品种权不符合《条例》第十四条、第十五条、第十六条和第十七条规定的，由复审委员会依据职权或者任何单位或者个人的书面请求宣告品种权无效。

宣告品种权无效，由国家林业局登记和公告，并由植物新品种保护办公室通知当事人。

第四十五条　品种权无效宣告请求书中未说明所依据的事实和理由，或者复审委员会就一项品种权无效宣告请求已审理并决定仍维持品种权的，请求人又以同一事实和理由请求无效宣告的，复审委员会不予受理。

第四十六条　复审委员会应当自收到无效宣告请求书之日起15日内将品种权无效宣告请求书副本和有关材料送达品种权人。品种权人应当在收到后3个月内提出陈述意见；逾期未提出的，不影响复审委员会审理。

第四十七条　复审委员会对授权品种作出更名决定的，由国家林业局登记和公告，并由植物新品种保护办公室通知品种权人，更换品种权证书。

授权品种更名后，不得再使用原授权品种名称。

第四十八条　复审委员会对无效宣告的请求作出决定前，无效宣告请求人可以撤回其请求。

第七章　文件的递交、送达和期限

第四十九条　《条例》和本细则规定的各种事项，应当以书面形式办理。

第五十条　按照《条例》和本细则规定提交的各种文件应当使用中文，并采用国家统一规定的科技术语。

外国人名、地名和没有统一中文译文的科技术语，应当注明原文。

依照《条例》和本细则规定提交的证明文件是外文的，应当附送中文译文；未附送的，视为未提交证明文件。

第五十一条　当事人提交的各种文件可以打印，也可以使用钢笔或者毛笔书写，但要整齐清晰，纸张只限单面使用。

第五十二条　依照《条例》和本细则规定，提交各种文件和有关材料的，当事人可以直接提交，也可以邮寄。邮寄时，以寄出的邮戳日为提交日。寄出的邮戳日不清晰的，除当事人能够提供证明外，以收到日为提交日。

依照《条例》和本细则规定，向当事人送达的各种文件和有关材料的，可以直接送交、邮寄或者以公告的方式送达。当事人委托代理机构的，送达代理机构；未委托代理机构的，送达当事人。

依本条第二款规定直接送达的，以交付日为送达日；邮寄送达的，自寄出之日起满15日，视为送达；公告送达的，自公告之日起满2个月，视为送达。

第五十三条　《条例》和本细则规定的各种期限，以年或者月计算的，以其最后一月的相应日为期限届满日；该月无相应日的，以该月最后一日为期限届满日；期限届满日是法定节假日的，以节假日后的第一个工作日为期限届满日。

第五十四条　当事人因不可抗力或者特殊情况耽误《条例》和本细则规定的期限，造成其权利丧失的，自障碍消除之日起2个月内，但是最多不得超过自期限届满之日起2年，可以向国家林业局说明理由并附具有关证明材料，请求恢复其权利。

第五十五条　《条例》和本细则所称申请日，有优先权的，指优先权日。

第八章　费用和公报

第五十六条　申请品种权的，应当按照规定缴纳申请费、审查费；需要测试的，应当缴纳测试费。授予品种权的，应当缴纳年费。

第五十七条　当事人缴纳本细则第五十六条规定费用的，可以向植物新品种保护办公室直接缴纳，也可以通过邮局或者银行汇付，但不得使用电汇。

通过邮局或者银行汇付的，应当注明申请号或者品种权证书号、申请人或者品种

权人的姓名或者名称、费用名称以及授权品种名称。

通过邮局或者银行汇付时，以汇出日为缴费日。

第五十八条 依照《条例》第二十四条的规定，申请人可以在提交品种权申请的同时缴纳申请费，也可以在收到缴费通知之日起1个月内缴纳；期满未缴纳或者未缴足的，其申请视为撤回。

按照规定应当缴纳测试费的，自收到缴费通知之日起1个月内缴纳；期满未缴纳或者未缴足的，其申请视为放弃。

第五十九条 第一次年费应当于领取品种权证书时缴纳，以后的年费应当在前一年度期满前1个月内预缴。

第六十条 品种权人未按时缴纳第一年以后的年费或者缴纳数额不足的，植物新品种保护办公室应当通知品种权人自应当缴纳年费期满之日起6个月内补缴，同时缴纳金额为年费的25%的滞纳金。

第六十一条 自本细则施行之日起3年内，当事人缴纳本细则第五十六条规定的费用确有困难的，经申请并由国家林业局批准，可以减缴或者缓缴。

第六十二条 国家林业局定期出版植物新品种保护公报，公告品种权申请、授予、转让、继承、终止等有关事项。

植物新品种保护办公室设置品种权登记簿，登记品种权申请、授予、转让、继承、终止等有关事项。

第九章 附 则

第六十三条 县级以上林业主管部门查处《条例》规定的行政处罚案件时，适用林业行政处罚程序的规定。

第六十四条 《条例》所称的假冒授权品种，是指：

（一）使用伪造的品种权证书、品种权号的；

（二）使用已经被终止或者被宣告无效品种权的品种权证书、品种权号的；

（三）以非授权品种冒充授权品种的；

（四）以此种授权品种冒充他种授权品种的；

（五）其他足以使他人将非授权品种误认为授权品种的。

第六十五条 当事人因植物新品种的申请权或者品种权发生纠纷，已向人民法院

提起诉讼并受理的，应当向国家林业局报告并附具人民法院已受理的证明材料。国家林业局按照有关规定作出中止或者终止的决定。

第六十六条　在初步审查、实质审查、复审和无效宣告程序中进行审查和复审的人员，有下列情形之一的，应当申请回避；当事人或者其他有利害关系人也可以要求其回避：

（一）是当事人或者其代理人近亲属的；

（二）与品种权申请或者品种权有直接利害关系的；

（三）与当事人或者其他代理人有其他可能影响公正审查和审理关系的。

审查人员的回避，由植物新品种保护办公室决定；复审委员会人员的回避，由国家林业局决定。在回避申请未被批准前，审查和复审人员不得终止履行职责。

第六十七条　任何人经植物新品种保护办公室同意，可以查阅或者复制已经公告的品种权申请的案卷和品种权登记簿。

依照《条例》和本细则的规定，已被驳回、撤回或者视为放弃品种权申请的材料和已被放弃、无效宣告或者终止品种权的材料，由植物新品种保护办公室予以销毁。

第六十八条　请求变更品种权申请人和品种权人的，应当向植物新品种保护办公室办理著录事项变更手续，并提出变更理由和证明材料。

第六十九条　本细则由国家林业局负责解释。

第七十条　本细则自发布之日起施行。

附录3　国家林业和草原局植物新品种保护办公室关于启动樟属、栀子属申请品种田间测试的公告

国家林业和草原局植物新品种保护办公室

国家林业和草原局植物新品种保护办公室关于启动
樟属、栀子属申请品种田间测试的公告
（第 202310 号）

　　国家林草植物新品种南昌测试站已具备樟属、栀子属申请品种田间测试的条件。根据《中华人民共和国植物新品种保护条例》等相关法规的规定，自公告之日起，向国家林草局植物新品种保护办公室申请品种权的樟属、栀子属品种，委托国家林草植物新品种南昌测试站进行特异性、一致性、稳定性田间测试。

　　特此公告。

国家林业和草原局植物新品种保护办公室

2023 年 9 月 5 日

 附录4　林草植物新品种权申请审批规则

第一章　总　则

第一条　为规范林草植物新品种权审批，根据《中华人民共和国植物新品种保护条例》（以下简称《条例》）和《中华人民共和国植物新品种保护条例实施细则（林业部分）》（以下简称

《实施细则》），参照《国际植物新品种保护公约》及相关规定，制定本规则。

第二条　国家林业和草原局植物新品种保护办公室（以下简称新品办）负责受理、审查林草植物新品种权申请，以及授权的具体事务等。

第二章　申请受理及初步审查

第三条　植物新品种权申请人应当向新品办提交符合规定的植物新品种权请求书、说明书、说明书摘要、照片和照片的简要说明（见附件）；委托代理机构申请的应有代理委托书。境外申请人应当委托代理机构进行申请，鼓励境内申请人委托代理机构进行申请。

申请人通过网上提交电子申请，经新品办初步审查合格后，将申请文件下载打印并邮寄或面交新品办。

第四条　申请人提交电子申请后，新品办应在3个月内完成初步审查。初步审查合格的给予申请号，以在网上申请系统中的最后一次提交日为申请日。初步审查不合格的，通知申请人在3个月内陈述意见或者予以修正；逾期未答复或者仍然不合格的，驳回申请。

第五条　新品办收到纸质申请后进行形式审查。申请文件应使用中文，纸质文件应当签字（盖章）齐全、字迹清晰、无涂改、无破损、无折叠等。

第六条　新品办应当自收到纸质材料起1个月内完成形式审查，对于形式审查合格的，向申请人发送品种权申请受理通知；对形式审查不合格的，通知申请人在1个月内完成修改，修改后仍不合格的，不予受理并通知申请人。

第七条　初步审查内容包括：

1）申请人资格

申请人为外国人（单位）的，其所属国家应当和我国签订有相关协议或者加入了《国际植物新品种保护公约》。

台湾地区的申请人按照《海峡两岸知识产权保护合作协议》和《关于台湾地区申请人在大陆申请植物新品种权的暂行规定》可以申请品种权。

2）保护名录

申请品种应当属于国家林业和草原局发布的植物品种保护名录范围内培育的品种。

3）新颖性

申请品种繁殖材料在境内销售未超过1年、在境外销售未超过6年的品种视为具有新颖性。

新列入植物新品种保护名录的植物品种，自名录公布之日起一年内提出的品种权申请，经育种人许可，在中国境内销售该品种的繁殖材料不超过四年的，视为具有新颖性。

4）品种命名

品种名称应当使用两个以上简体汉字或者简体汉字加阿拉伯数字组合。相同植物属内的品种名称不得相同。

已在外国获得品种权的，应使用音译中文名，将原品种名称加括号附在中文名后。

品种名称不应具体描述品种特性和育种方法，不应含有比较级或最高级形容词等。

未经商标权人同意，品种名称不得与注册商标的名称相同或者近似。

品种命名的其他规定，按《条例》和《实施细则》办理。

第三章　实质审查

第八条　新品办对申请品种的特异性、一致性和稳定性（DUS）组织进行实质审查。

第九条　审查方式：

1）申请品种在国（境）外经过测试并已授权的，可以向国（境）外审批机构购

买测试报告。

2）申请品种具备测试条件的，由新品办委托测试机构开展测试。

3）除1、2款以外的申请品种可由新品办组织进行现场审查并出具审查报告。

4）鼓励申请人自主测试，对申请时已经提交合规的DUS测试报告（审查报告）的，新品办可不再组织测试和现场审查。

第十条　现场审查依据：

对申请品种有测试指南的，应使用测试指南作为审查依据。对申请品种无测试指南的，参考UPOV或其他成员国相关测试指南。

鼓励有能力、有条件的单位和个人起草测试指南，报新品办批准发布后使用。必要时辅以实验室分子测试。

第十一条　新品办建立现场审查专家数据库，并根据需求不断调整和更新专家库；审查专家应具备高级技术职称，具有植物分类、育种、栽培利用等专业背景，熟悉植物新品种保护制度，并参加新品办组织的教育培训和考核。

第十二条　新品办从专家库中抽取相应专家组成现场审查专家组并指定专人作为审查员组织现场审查。

审查员负责联系申请人、审查专家，确定审查时间和地点，准备相关审查文件，组织现场审查的相关事宜。

现场审查专家负责审阅申请文件，确认近似品种，按照审查依据进行审查，完成审查报告。

第十三条　申请人应对现场审查专家提出的问题和质疑进行回答，提供真实、准确的信息；按照专家组建议及时修改申请文件，填写相应的补正书、变更表等，1个月内提交到新品办。

第十四条　实质审查不能满足DUS条件要求的，驳回申请并通知申请人，申请人有权提出复审请求。

第四章　授　权

第十五条　新品办提出授权建议，报国家林草局审批授权。

第十六条　国家林草局发布授权公告后，新品办向品种权人颁发《植物新品种权证书》。

第十七条 对符合授权条件的品种权申请，将品种名称、申请号、申请日、所属的属（种）、培育人、申请人以及确定的品种权人、品种权号、测试报告和审查报告等项录入电子档案数据库。

第十八条 《植物新品种权证书》加盖国家林草局公章。证书上包含：证书号、品种名称、申请日、所属的属（种）、品种权人、品种权号、培育人、品种权有效期限和生效日期等内容（样本格式附后）。

第五章 附 则

第十九条 新品办管理申请文件档案和电子档案数据库，及时录入、更新和维护林草植物新品种保护信息管理系统。

第二十条 本规则由新品办负责解释。

第二十一条 本规则自2020年1月1日起实施。

 **附录5　植物新品种DUS现场审查组织、工作规则**

第一条　为规范林草植物新品种权保护，公正、客观、科学、高效地开展DUS现场审查工作（以下简称实审），根据《种子法》《中华人民共和国植物新品种保护条例》以及《实施细则（林业部分）》的规定，制定本规则。

第二条　国家林业和草原局植物新品种保护办公室（以下简称新品办）负责组建、管理植物新品种审查专家库，组织开展实审工作。

第三条　审查专家应当符合以下要求：

（一）拥护党的路线、方针、政策，政治可靠，遵纪守法，廉洁自律，坚持原则，客观公正。

（二）具有良好的职业道德和较强的业务素质，作风严谨，实事求是，具有较高的政策运用水平和文字表达能力，有团结协作精神。

（三）从事相关专业领域满八年并具有高级专业技术职称或同等专业水平，具有植物分类、遗传育种、栽培利用等专业背景，从事过育种或资源收集、保护和品种实审工作，熟悉新品种保护专业知识、相关法律法规和政策规定。

（四）年龄原则上在60周岁以下，身体健康，有能力有意愿参与实审工作。

第四条　审查专家的权利和义务：

（一）受邀参加植物新品种实审工作，独立提出审查意见，不受任何单位或个人的干预，对审查结果负责。

（二）受邀参加植物新品种课题研究和有关业务工作。

（三）接受新品办组织的学习培训，查阅相关资料、档案。

（四）按照有关规定获得相应劳动报酬。

（五）严格遵守中央八项规定及其实施细则精神要求，遵守工作纪律。

（六）签订保密协议，严守保密规定。

（七）遇有法定回避情形的，主动提出回避。

（八）客观公正地参与完成植物新品种实审工作，并对审查结果负责。

（九）享有法律、法规和规章规定的其他权利和义务。

第五条　审查专家按照个人自愿申请、单位推荐、综合评审、公开发布的程序产

生，具体流程如下：

（一）新品办向全社会发布公告，公布审查专家基本条件、推选程序等要求。

（二）个人申请、单位推荐的应当填写《林草植物新品种现场审查专家推荐表》（见附件），提交有关证明材料，并对填报资料的真实性、准确性负责。

（三）新品办对审查专家申请、推荐材料进行综合评审，认定审查专家资格并纳入专家库管理，公告发布审查专家名单。

（四）审查专家优先选用植物新品种测试指南主要编制人和熟悉该种（属）分类和育种知识的专家。

（五）审查专家库实行动态管理，原则上每两年调整、补充和更新一次审查专家信息，根据需求也可进行适时调整。

第六条　有下列情形之一的，新品办可取消其审查专家资格：

（一）违反国家法律法规规定、中央八项规定及其实施细则精神、廉洁纪律、工作纪律和保密规定的。

（二）不负责任，弄虚作假，不客观、不公正履行职责的，或者以审查专家名义从事不正当活动的。

（三）无正当理由，不按要求参加实审工作的。

（四）因超龄、个人健康、工作调动或者其他客观原因不宜继续履行审查专家职责，或者本人提出申请的。

第七条　审查专家在参与实审工作期间发生的差旅费由新品办承担，按照国家有关规定执行。

专家参加新品办组织的实审应当征得所在单位同意，实审期间应当注意人身财产安全，发生个人健康、意外等情况时，由审查专家所在单位按照国家医疗、工伤、保险等相关规定予以处理和负担，新品办不予承担责任。

第八条　实审依据：

（一）对已发布申请品种所属种（属）测试指南的，应以测试指南作为审查依据。

（二）对在国内未发布申请品种所属种（属）测试指南的，参考 UPOV 或其他 UPOV 成员国相关测试指南。

（三）查阅确实无现存指南的，由审查员和审查专家参照UPOV 及成员国相关技术文件临时编制实审测试指南或性状描述表，报新品办备案后使用。

（四）鼓励以分子测试结果作为实审的辅助证据材料。

第九条　实审纪律要求：

（一）审查员和审查专家应当按照通知的时间准时参加实审工作，全程参加现场观测和实审会议。

（二）不得参加任何可能影响审查公正的活动，不得有任何形式的照顾、开绿灯行为。

（三）严格遵守保密协议规定，不得随意透露实审工作信息。

第十条　实审各方职责任务：

（一）新品办指定专人作为审查员，负责组织、实施实审工作。

（二）审查员负责组织、实施实审工作，准备审查相关文件，查验申请品种植株数量和性状表达是否符合实审要求；联络申请人，组织审查专家，确定审查时间和地点；介绍植物新品种现场审查规则；主持完成审查报告并对审查结论负责。

（三）审查专家负责审阅申请文件，依据《标准》确定近似品种；全程参加实审工作，积极参与会议讨论、质疑和解决问题；根据测试指南查看申请品种的性状表达状态是否符合DUS要求；提出审查意见并负责。

（四）申请人按新品办通知中确定的实审时间和要求提前准备好实审现场，按照测试指南提供植株数量；提供真实、准确的信息，如实答复审查员和审查专家的质疑；按照实审意见和要求及时修改申请文件，填写补正书、变更表等材料，于30天内提交审查员。

第十一条　实审工作程序：

（一）新品办根据工作需要指定1名审查员，确定2～3名审查专家组成工作组，下达实审任务。

1. 确定审查员要综合考虑审查地点、交通便利程度以及与品种权申请人是否存在利益关系等因素。

2. 新品办按照研究方向、研究植物种类对应或接近的原则，在审查专家库中随机抽取3位以上与申请品种所属的种（属）研究领域相关的候选专家，并按照抽取顺序联系、确定2位以上审查专家。

3. 实审前，任何人不得向申请人透露审查专家名单，审查专家只能通过新品办或审查员与申请人询问相关情况。

（二）审查员接受任务，完成实审准备工作。

联系审查专家，组建审查组；获取实审品种的申请材料并转发审查专家预审；根据审查专家预审反馈的意见联系申请人进一步确定现场实审的可行性；联络审查专家和申请人确定实审工作方案并报新品办批准；统筹安排交通、食宿等接洽工作。

（三）新品办根据审查员提交的时间、地点下发《现场审查通知书》。

（四）实审流程。

1. 审查员主持召开首次会议，介绍植物新品种审批、实审工作程序和要求，介绍参会人员、各方职责和相关规定，明确会议内容。

2. 申请人介绍新品种的培育过程以及申请品种的 DUS 情况等基本信息。

3. 审查组按照测试指南的要求现场观测申请品种的性状表达状态，完成申请品种的性状描述。

4. 审查员、审查专家通过审阅申请文件，结合申请人介绍和现场观测情况提出质询，申请人回答。

5. 审查员、审查专家召开内部会议（申请人回避），根据观测和审查结果判断申请品种是否符合 DUS 条件，审查专家提出审查意见并签字，审查员完成审查报告并签字。审查出现异议时采取一票否决的原则，由审查员、审查专家集体表决，并记录在审查报告内。

6. 审查员召开末次会议，宣布实审结果，并针对存在的问题提出意见和建议。

（五）审查员每个月向新品办提交实审报告和补证文件等审查相关材料。

第十二条　本规则由新品办负责解释。

第十三条　本规则自2021年1月1日起施行。

植物新品种现场审查专家推荐表

年　月　日

姓　　名		性　　别		
出生年月		民　　族		
政治面貌		学　　历		
工作单位				
通讯地址				
专业方向				
研究植物种属				
技术职称		联系电话		
电子邮箱		手机号码		
新品种相关学习、工作经历	备注：主要学习、工作经历请主要围绕新品种的选育，新品种的申请与授权情况，参与植物新品种测试培训或参与现场审查的经历或参与测试指南编制等方面的工作经历或成果。			
主要研究方向和论文专著等				
参加过哪些植物新品种培训				
本人意见	本人愿意参加林草植物新品种实审工作，悉知并同意遵守国家林草局相关规定。 <div align="right">（签字）</div>			
单位意见	 <div align="right">（公章）</div>			